码上学技术·农作物病虫害快速诊治系列

# 玉米病虫草害
## 诊断与防治原色图谱

郭线茹　袁虹霞　李洪连　主编

中国农业出版社

北　京

**图书在版编目（CIP）数据**

玉米病虫草害诊断与防治原色图谱 / 郭线茹，袁虹霞，李洪连主编. -- 北京：中国农业出版社，2024.10.（码上学技术）. -- ISBN 978-7-109-32535-7

Ⅰ.S435.13-64；S451.22-64

中国国家版本馆CIP数据核字第20240M2V98号

---

中国农业出版社出版

地址：北京市朝阳区麦子店街18号楼

邮编：100125

责任编辑：阎莎莎

版式设计：杜 然　　责任校对：张雯婷　　责任印制：王 宏

印刷：北京中科印刷有限公司

版次：2024年10月第1版

印次：2024年10月北京第1次印刷

发行：新华书店北京发行所

开本：880mm×1230mm　1/32

印张：6

字数：200千字

定价：39.00元

---

# 编写人员名单

主　　编　郭线茹　袁虹霞　李洪连

编写人员（按姓氏笔画排序）

王　珂　刘晓光　李洪连　张利娟

赵　特　施　艳　袁虹霞　郭线茹

# Foreword
## 前 言

　　近年来，我国玉米种植面积不断扩大、产量不断提高，已成为我国第一大粮食作物，在保障国家粮食安全中占据十分重要的地位。但病虫草害始终是玉米优质和高产稳产的制约性因素，特别是随着玉米品种更新、作物种植制度变革和栽培管理水平的提高以及国内外贸易增加，玉米病虫草害发生种类和危害程度也发生了相应的变化，给玉米安全生产带来了严重挑战。如品种更换导致南方锈病、褐斑病危害加重；秸秆还田和贴茬播种技术推广应用导致茎腐病、纹枯病等土传病害和金针虫、蛴螬等地下害虫危害加重；2019年世界性重大害虫草地贪夜蛾传入我国，对我国玉米生产造成极大威胁；农田生态环境的复杂性，常造成病虫草害发生发展规律、形态特征和为害症状的多样性。因此，准确识别病虫草害、掌握病虫草害发生规律、及时有效开展防控，是玉米安全生产的重要保证。为此，我们结合玉米生产实际，根据多年调查、研究结果，并吸纳相关文献成果，将玉米主要病虫草害的生态图片及其识别特征、发生规律、为害症状和防治技术等编撰成册，供广大基层农业技术推广人员和种植者参考使用。

　　本书共分三部分。第一部分玉米病害，包括真菌病害、细菌病害、病毒病害、线虫病害和非侵染性病害等共31种，附原色生态图片109张。第二部分玉米害虫及其天敌昆虫，包括地下害虫、食叶害虫、吸食性害虫、钻蛀性和穗部害虫等共41种，附原色生态图片 220张；玉米害虫的天敌昆虫11种，附原色生态图片51张。第三部分玉米田常见杂草，包括一年生杂草、多年生杂草和玉米田杂草化学防治常用药剂及使用注意事项，共涉及杂草22种，附原色生态图片81张。全书图文并茂，在选用照片时力求做到全面反映病虫草害不同发育阶段的识别特点。照片主要来自于生产实践，生动自然，特征清晰，对于不易用肉眼观察到的微小昆虫，还附有放大照片，以便读者准确识别。同时，精心制作了展示玉米病虫草害田间识别特征及防治要点的短视频10个，以二维码形式附在正文相应位置，读者可扫码观看。

本书第一部分由袁虹霞、王珂、施艳和李洪连编写，第二部分由郭线茹和张利娟编写，第三部分由赵特和刘晓光编写。郭线茹、袁虹霞、李洪连对全书进行了统稿。本书的出版得到了河南省玉米产业技术体系植保岗位创新团队科研专项的大力支持，河南省植物保护检疫站、郑州市植保植检站、安阳市植保植检站相关专家，及南阳市农业科学院陈培育副研究员、洛阳市农业科学院刘顺通研究员、河南农业大学李为争副教授和赵曼博士等提供了部分照片，在此一并致谢。

我国玉米种植区域广，各地病虫草发生种类及优势种存在差异，本书主要编录了黄淮海地区玉米田常见病虫草种类，兼顾全国其他区域，由于笔者实践经验和专业知识水平有限，书中难免存在疏漏和不足之处，敬请读者指正。

编　者
2023年11月

# Contents

# 目　录

前言

## ■ 二、玉米害虫及其天敌昆虫 …………………………… 56

# 三、玉米田常见杂草

## （一）一年生杂草

# 一、玉米病害

## （一）真菌病害

由真菌侵染导致的玉米病害是种类最多的一类病害，习惯上根据为害部位不同大致划分为叶部病害、根茎部病害、穗部病害。叶部真菌病害重要的有大斑病、小斑病、灰斑病、南方锈病等，主要为害叶片，严重时也为害叶鞘、苞叶。根茎部真菌病害重要的有茎腐病、纹枯病和苗枯病。穗部真菌病害重要的有瘤黑粉病、丝黑穗病和穗腐病，瘤黑粉病除为害雄穗和雌穗外，还常常为害幼嫩的茎秆和叶片。玉米真菌病害在地理分布上具有明显的生态区域性，如大斑病、灰斑病主要在冷凉的春玉米区为害，南方锈病在黄淮海夏玉米区为害重。玉米真菌病害防治策略应以抗病品种为主，农业防治为基础，关键时期采用化学药剂防治。

### 1.叶部真菌病害

#### 玉米大斑病

玉米大斑病是玉米的重要病害之一，广泛分布于世界各玉米栽培区。大斑病在中国主要发生于东北、西北、华北北部、西南冷凉地区的春玉米区，黄淮地区高海拔冷凉山区春玉米大斑病也较重。该病一般造成减产10%～20%，严重时可达30%以上。

病原学名：*Exserohilum turcicum*。

症状：玉米大斑病主要为害叶片，严重时也为害苞叶和叶鞘。病害一般先从下部叶片开始发生，逐步向上扩展，严重时可遍及全株。田间自然条件下，苗期很少发病，在玉米生长的中、后期，特别是抽穗以后发病逐渐加重。叶片上病斑梭形，黄褐色，长5～10厘米，宽1厘米左右，有的病斑更大，几个病斑相连成大的不规则形枯斑，严重时叶片干枯。多雨潮湿天气，病斑上可密生黑色霉层，即病原菌的分生孢子梗和分生孢子。在抗病品种上，病斑初为褪绿斑，扩展较慢，周围有黄色或淡褐色褪绿圈，不产生孢子或极少产生孢子，叶片正反两面病斑的颜色近似。

　　玉米大斑病症状区别于玉米小斑病和灰斑病的要点是病斑大，比小斑病病斑长且宽，比灰斑病病斑宽，病斑为典型的梭形。

　　**发病规律**：病菌以菌丝体或分生孢子在病残体上越冬，成为翌年发病的初侵染源。第二年分生孢子在适宜温度、湿度条件下形成、萌发，侵染玉米叶片，经10～14天便可又产生大量分生孢子。分生孢子随风雨传播，有多次再侵染。病害流行与品种抗性、温度和湿度等关系密切，温度20～25℃、相对湿度90%以上有利于病害发生发展。

　　**防治方法**：防治玉米大斑病应采取以种植抗病品种为主的综合措施。

①种植抗病品种。在病害常发区，应淘汰高感和感病品种，先玉335在东北和西北都曾发生严重的大斑病。20世纪80年代中、后期推广的丹玉13玉米品种，就曾在生产上发挥过重要作用。我国抗大斑病的自交系有Mo17、唐四平头、自330等。②栽培防治。秋季深翻土壤，将病残体埋入土中加速腐烂。作燃料用的玉米秸秆，应在开春后及早处理干净，可兼治玉米螟。秸秆作堆肥要充分腐熟。③药剂防治。在大喇叭口期喷药防治，每亩*可用35%唑醚·氟环唑悬浮剂40毫升，或25%吡唑醚菌酯悬浮剂25克，或18.7%丙环·嘧菌酯悬浮剂60毫升等对水喷雾。

大斑病的梭形病斑

---

　　* 　亩为非法定计量单位，15亩＝1公顷。全书同。

病斑上的黑色霉层

病斑相连造成叶枯

大斑病严重发病状

不同品种对大斑病的抗性比较

## 玉米小斑病

玉米小斑病为玉米产区重要病害之一,在黄河和长江流域的温暖潮湿地区发生普遍而严重,夏玉米区发生较重,一般造成减产15%～20%,严重时达50%以上。20世纪70年代初,美国因T小种造成小斑病流行,许多地区玉米减产高达80%。近些年来由于主推抗病性玉米品种,玉米小斑病在黄淮海夏玉米区未造成大的流行。

**病原学名**:*Bipolaris maydis*。

**症状**:玉米小斑病在玉米整个生育期内都可发生,黄淮海夏玉米区一般抽雄期开始发生,灌浆期发病严重。主要为害叶片,也可为害苞叶和叶鞘。病害先从下部叶片开始发生,逐渐向上蔓延,病斑初呈水渍状,后变为黄褐色,边缘颜色较深,椭圆形、短杆形或长圆形,大小为(5～10)毫米×(3～4)毫米,密集时常互相连接成片,形成大型枯斑。多雨潮湿天气，有时在病斑上可看到黑褐色霉层，即病原菌的分生孢子梗和分生孢子。叶片病斑形状因品种抗性不同，大致有3种类型：①短杆形，病斑受叶脉限制在两条细叶脉之间，表现为短杆形，边界明显，两端不平截，这是最常见的一种病斑型。②椭圆形或纺锤形，病斑扩展不受叶脉限制，较大，灰褐色或黄褐色，有时出现轮纹。③细长形，病斑较细，长短不一，浅褐色。高温潮湿天气，前两种病斑周围或两端可出现暗绿色浸润区，幼苗上尤其明显，病叶萎蔫枯死快。

**发病规律**：病原菌在病株残体上以菌丝或分生孢子越冬，干燥条件下能存活1～2年。分生孢子是初侵染源。越冬病原菌在第二年遇适宜温、湿度条件，产生大量分生孢子，借气流或雨水传播到玉米叶片上，条件适宜时分生孢子4～8小时萌发产生芽管侵入，3～4天即可形成病斑。在潮湿的气候条件下，病斑上产生大量分生孢子进行再侵染。玉米小斑病的发生流行与玉米品种抗病性、温度、湿度、菌源量等关系密切。在大面积种植感病品种和有足够菌源存在时，限制小斑病发生和流行的关键因素是温度和降水量，高温高湿的环境条件有利于病害发生。7—8月，如果月平均温度在25℃以上，雨日、雨量、露日和露量多的年份和地区，小斑病发生重。

小斑病不同病斑类型

小斑病苗期症状

病斑上的黑色霉层

不同品种对小斑病的抗性比较

**防治方法**：①种植抗病品种。据报道鲁单50、鲁单981、中科4号、郑单034和掖单2号等品种对小斑病具有一定抗性。自交系Mo17、黄早四、掖478抗小斑病。目前黄淮海夏玉米区推广的多数玉米品种对小斑病具有较好的抗性，仅少数品种感病或高感。②栽培防治。玉米秸秆应粉碎后于秋季麦播前深翻入土，加快病残体腐熟，减少第二年的菌源量。③药剂防治。每亩可用18.7%丙环·嘧菌酯悬浮剂70毫升，或30%肟菌·戊唑醇悬浮剂45毫升，在玉米大喇叭口期对水喷施。

## 玉米弯孢叶斑病

玉米弯孢叶斑病是20世纪80年代中后期在华北地区发生的一种危害较重的新病害，可造成叶片提早干枯，一般减产20%～30%，严重地块减产50%以上。目前该病害在国内分布较广泛。

**病原学名**：*Curvularia lunata*。

**症状**：玉米弯孢叶斑病主要为害叶片，也可为害苞叶和叶鞘。玉米生长前期较少发病，病害多在抽雄期开始发生。叶片上典型病斑初为水渍状褪绿半透明小点，后扩大为圆形、椭圆形、短梭形病斑，病斑较小，直径1～2毫米，中间枯白色，边缘有暗褐色线环绕，最外边有浅黄色晕圈。发病严重时许多病斑连成片，造成叶片干枯。

**发病规律**：病菌以菌丝在病残体中越冬，也能以分生孢子越冬。遗落于田间的病叶和秸秆是主要的初侵染源。分生孢子借助气流和雨水传播，有再侵染。玉米品种间抗病性有差异。田间温度和湿度对病害发生和流行影响较大，分生孢子最适萌发温度为28～32℃，相对湿度低于90%则很少萌发或不萌发。在华北地区，该病的发病高峰期是8月中下旬到9月上旬。高温、高湿、降雨较多有利于发病。

**防治方法**：①种植抗病品种。人工接种鉴定表明，生产上推广的玉米品种对弯孢叶斑病的抗性普遍不佳，多数品种为感病或高感。据报道发病较轻的杂交种有：农大

弯孢叶斑病的病斑

108、农大951、京垦109、中玉4号、掖单12、掖单2号、新单15、郑单7号等。②栽培防治。玉米秸秆还田并在麦播前深翻，使秸秆入土充分腐熟，以减少菌源量。③药剂防治。在玉米大喇叭口期，每亩可用25%吡唑醚菌酯悬浮剂50克，或35%唑醚·氟环唑悬浮剂40毫升，或30%唑醚·戊唑醇悬浮剂40毫升对水喷雾。

弯孢叶斑病叶片正反两面的病斑

弯孢叶斑病人工接种严重发病状

### 玉米褐斑病

玉米褐斑病在我国各玉米产区都有发生，近年来黄淮海夏玉米区有加重趋势。过去玉米褐斑病多见为害叶鞘，较少见到为害叶片。2006年7月初河南省夏玉米暴发褐斑病，玉米叶片变黄，引起人们高度重视，发病面积大约100万公顷，重病田病株率100%。主要因为玉米秸秆还田导致田间菌量增多，气候条件又适宜发病。该病一般造成减产10%左右，严重时达30%以上。

**病原学名**：*Physoderma maydis*。

**症状**：玉米褐斑病发生在叶片和叶鞘上，主要为害果穗以下的叶片、叶鞘，造成叶片局部或全叶干枯。玉米12片叶后较少再受到为害。叶片上病斑圆形、近圆形或椭圆形，小而稍隆起，黄褐色，直径约1毫米，病斑常密集成片，在叶片上往往呈段状分布。叶鞘和叶片主脉上病斑较大，不规则形，黑褐色。发病后期叶鞘及中脉处的病斑表皮易破裂，散出褐色粉末，即病菌的休眠孢子囊。镜检病原菌休眠孢子囊应从叶鞘或中脉黑褐色的病斑处挑取。

**发病规律**：玉米褐斑病菌以休眠孢子囊随病残体在土壤中越冬。第二年休眠孢子囊随风雨传播，萌发产生游动孢子，游动孢子萌发产生侵入丝，侵入玉米幼嫩组织。北方夏玉米区若6月中旬至7月上旬降雨多、湿度高，则发病增多。实行玉米秸秆还田后，菌源量增多，发病趋重。种植密度高、地力贫瘠、施肥不足、植株生长不良的田块，有利于发病。玉米不同的自交系和杂交种抗病性有明显差异，据报道，玉米自交系黄早四、掖478、塘四平头、改良瑞德系等高度感病，用感病自交系组配的杂交种也感病。

**防治方法**：①种植抗病品种。多数玉米品种对褐斑病抗性较好，如豫玉22、郑单23、浚单18、郑试2018等，仅个别品种表现感病，如中单909、登海618等。②栽培防病。玉米收获时秸秆充分粉碎还田，麦播前深耕，以利于秸秆腐熟分解，减少田间的菌量。施足底肥，适当密植，提高田间通透性，促进植株健壮生长，提高抗病力。③药剂防治。在玉米4～5叶期，结合防治食叶害虫，用25%三唑酮可湿性粉剂800倍液，或80%戊唑醇水分散粒剂1 500倍液，或10%苯醚甲环唑悬浮剂1 000倍液喷雾。

褐斑病叶片症状

褐斑病叶鞘症状

褐斑病田间病株

## 玉米灰斑病

玉米灰斑病又称玉米尾孢叶斑病，除侵染玉米外，还可侵染高粱等多种禾本科植物，是近年来上升较快、危害严重的叶部病害之一。该病害在我国分布广泛，报道的有17个省份87个地市。在西南、南方、北方春玉米区危害严重，在黄淮海海拔较高的山区种植的春玉米发病也重。该病一般造成减产5%～10%，严重时超过50%。

**病原学名**：*Cercospora zeae-maydis*、*Cercospora zeina*。

**症状**：玉米灰斑病主要发生在叶片上，病害从植株下部叶片向上部叶片扩展。初始病斑在透射光下呈针尖状褪绿的黄色小斑点，进一步发展后形成细长矩形病斑。病斑两端平截，褐色，长1～6厘米，宽0.2～0.4厘米，宽度受叶脉限制，病斑与叶脉平行，病健交界边缘清晰。湿度大时，叶片两面均可产生灰色霉层，以叶背面居多，即病原菌的分生孢子梗和分生孢子。

**发病规律**：病菌主要以子座或菌丝随病残体越冬，成为翌年的初侵染源。第二年病残体产生分生孢子借助气流进行初侵染，条件适宜可有多次再侵染，病害不断扩展蔓延。在北方地区，一般7—8月多雨的年份易发病。病害传播很快，一个病害循环周期大约10天。天气冷凉、高湿、昼夜温差大利于病害流行。病害流行与品种抗病性、田间温湿度、种植密度等关系密切。如果病害在玉米生长的早期发生，中后期病害流行的风险增加。

灰斑病初期、中期、后期病斑

灰斑病病株

灰斑病田间症状

**防治方法**：①选用抗病品种。抗灰斑病的自交系有齐319、自330、掖107、沈137和丹黄19等，由沈137和丹黄19等抗病亲本配出的组合也抗病。玉米杂交种农大108、郑单958、豫玉22、伟科702、郑单14、丹408、丹3034、沈试29和沈试30等较抗病。②栽培防治。收获后及时清除、深埋或销毁病残体。适当控制种植密度。雨后及时排水，防止田间湿度过大。③药剂防治。在玉米大喇叭口期喷施化学药剂，每亩可用30%肟菌·戊唑醇悬浮剂45毫升，或75%肟菌·戊唑醇水分散粒剂20克对水喷雾，或10%苯醚甲环唑悬浮剂1 000倍液，或25%丙环唑水分散粒剂1 500倍液喷雾。

## 玉米南方锈病

玉米南方锈病是南方沿海玉米区和黄淮海夏玉米区危害严重的一种叶部病害，病害流行时造成叶片提早干枯，影响籽粒灌浆，一般发生年份减产10%～20%，严重发生年份可减产30%以上。2021年南方锈病在黄淮海夏玉米区大流行，很多玉米品种叶片提前干枯，减产超过30%。

**病原学名**：*Puccinia polysora*。

**症状**：玉米南方锈病主要侵染叶片，也可为害叶鞘和苞叶。发病初期叶片正面生褪绿小斑点，有时斑点呈卵圆形或短杆状。很快叶片正面出现橘黄色或橘红色突起的疱斑，即病原菌产生的夏孢子堆。夏孢子堆多生于叶片正面，数量多，分布密集，严重时橘黄色夏孢子堆布满整个叶片，最终造成叶片干枯。雨水可以冲刷掉夏孢子，留下干枯的病斑。叶片背面出现褪绿斑，有时也出现少量橘黄色夏孢子堆。叶鞘上的夏孢子堆稍大。

**发病规律**：玉米南方锈病菌是专性寄生菌，不能脱离寄主植物而长期存活。夏孢子在南方沿海地区冬季种植的玉米上越冬，夏季随气流（台风）向北方传播。在生长季节中发生多次再侵染。不同玉米品种和自交系对南方锈病抗性有明显差异。据报道，自交系齐319高抗，178中抗，107和1145中感，掖478、9801、丹340、黄早四、黄C、鲁原92等高度感病。郑单14、掖单13、掖单12等品种感病，苏玉9号、丹玉13、苏玉1号等品种发病较轻。目前生产中主推的品种多数对南方锈病抗性较差。玉米南方锈病在黄淮海夏玉米区的流行程度年份间差异较大，如2019年和2020年玉米南方锈病在河南夏玉米区域发生不重，2021年大流行，其原因主要是2021年发病早、雨水多、田间湿度大，病菌随台风来得早，8月10日荥阳田间即见到很多产生夏孢子的病叶，9月玉米田南方锈病严重发生。

南方锈病叶片症状

南方锈病叶片正反面症状

南方锈病叶鞘症状

南方锈病侵染初期症状

南方锈病严重发病状

不同品种对南方锈病抗性比较

南方锈病苗期人工接种发病状

**防治方法**：①选种抗病品种。生产中种植的品种绝大多数感病或高感，少数品种中抗、抗病或高抗。种植时应尽量选用抗病或高抗品种。②药剂防治。发病初期每亩用30%丙硫菌唑可分散油悬浮剂50毫升，或30%氟环唑悬浮剂60毫升对水喷雾。

## 玉米普通锈病

玉米普通锈病是我国春播玉米区的常见病害之一，分布在东北、西北和河北北部春播区，局部地区较重；在南方和西南高海拔山地种植的玉米上也有发生。目前玉米普通锈病造成的危害不及南方锈病。

**病原学名**：*Puccinia sorghi*。

**症状**：玉米普通锈病主要为害叶片和叶鞘，有时也侵染苞叶。病部初生褪绿小斑点，以后变为褐色的隆起疱斑，即病原菌的夏孢子堆。普通锈病的夏孢子堆较大，呈椭圆形或长椭圆形，深褐色，分布于叶片两面，但叶片正面较多。后期产生黑色的冬孢子堆，长椭圆形，长1～2毫米。

　　玉米普通锈病与南方锈病在症状上有较为明显的区别，普通锈病夏孢子堆较大，椭圆形或短条状，深褐色；南方锈病夏孢子堆较小，近圆形，橘黄色或橘红色。田间普通锈病发生后期在叶片上主要是背面产生黑色的冬孢子堆，而南方锈病则不见黑色的冬孢子堆。

　　**发病规律**：在东北、西北地区病原菌以冬孢子越冬，春季冬孢子萌发产生担孢子借助风雨传播进行侵染，有再侵染。

　　**防治方法**：参照玉米南方锈病的防治方法。

普通锈病叶片上的夏孢子堆（高洁供图）　　　　　普通锈病病株（高洁供图）

## 2.根茎部真菌病害

　　玉米根茎部真菌病害主要指为害根、茎基部、茎和叶鞘的真菌性病害，包括茎腐病、纹枯病、全蚀病、苗枯病、鞘腐病，而为害茎部的瘤黑粉病在穗部病害中介绍。根茎部真菌性病害中以茎腐病和纹枯病较为普遍且严重，其次是苗枯病，全蚀病较为少见，鞘腐病是近年我国玉米产区发生的一种新病害。

## 玉米茎腐病

玉米茎腐病又称茎基腐病，俗称青枯病，玉米产区均有分布，夏玉米发病较重。该病害造成损失一般为10%～20%，严重时超过50%。

**病原学名**：*Fusarium graminearum*、*Pythium inflatum*、*P. graminicola* 等。

**症状**：玉米一般从灌浆期开始表现症状，乳熟期至蜡熟期为发病高峰。田间可出现两种不同的症状类型，一种是青枯型，一种是黄枯型。青枯型为急性型，叶片由下而上迅速枯死，呈青枯状。后期果穗较小，籽粒干瘪，减产严重。急性青枯多出现在雨后骤晴的高温天气。黄枯型为慢性型，发病后叶片自下而上或自上而下逐渐变黄枯死，如果发病较晚，产量损失较小。无论青枯型或黄枯型，最后茎基部1～2节松软腐烂，有时果穗下垂。病株因茎基部腐烂易折倒。剖开茎基部，常可见红色或白色霉状物。

**发病规律**：病原菌随病残体在土壤中越冬，翌年从根部或茎基部伤口侵入，在茎基部扩展蔓延为害。地下害虫造成的伤口利于病菌侵入。高温、高湿有利于发病，特别是玉米生长中后期雨水多、地势低洼积水或排水不

茎腐病青枯型病株

茎腐病黄枯型病株

镰孢霉茎腐病茎基部症状

镰孢霉茎腐病茎基部腐烂状

不同品种对茎腐病抗性比较

良等利于发病；氮肥施用过多，根部伤口多发病重；连作地块发病重。不同品种之间对玉米茎腐病的抗性存在差异。

**防治方法**：①选种抗病品种。玉米生长中后期雨水较多的地区，避免种植高感与感病品种。②种子包衣，每100千克种子可用4.23%种菌唑·甲霜灵微乳剂120毫升，或15%福·克悬浮种衣剂2.5千克，或3.5%咯菌·精甲霜灵悬浮种衣剂200克进行包衣，减少苗期病菌侵染。③加强栽培管理。合理施肥，合理密植，适期播种，避免田间积水。

## 玉米纹枯病

玉米纹枯病在我国分布广泛，主要玉米产区均有发生，其中以西南、南方和东北春玉米区发生较重。山东夏玉米局部地块、西北春玉米、河南西部高海拔冷凉山区春玉米上也有发生。玉米纹枯病严重田块发病率可达80%以上，病害造成籽粒百粒重降低，四川、湖北、云南曾报道该病减产超过10%。近年来纹枯病在河南夏玉米产区偶见发生。

**病原学名**：*Rhizoctonia solani*。

**症状**：玉米纹枯病主要为害叶鞘、茎秆、苞叶，也可为害叶片。苗期一般不发病，拔节期到大喇叭口期病害呈缓慢增长态势，大喇叭口期到灌浆期为病害急剧增长期，灌浆期之后到成熟期病害发生平稳减缓。发病初期茎基部1～2节叶鞘上产生暗绿色水渍状病斑，后扩展融合成云纹状较大病斑，病斑中部灰白色，边缘深褐色。病害由下向上蔓延扩展，严重时达到雌穗苞叶。湿度大时，病部表面生有稠密的白色菌丝体，聚集成小菌核，后期菌核逐渐变成深褐色。

**发病规律**：病菌以菌核和菌丝体随病残体在土壤中越冬。第二年条件适宜时，菌核萌发产生菌丝侵入寄主。菌核可在田间借助耕种、雨水近距离传播。播种过密、施氮肥过多、湿度大易发病，连作田块发病重，昼夜温差大利于发病。品种间抗病性有一定差异。

**防治方法**：①选用抗（耐）病品种。②栽培防治。深翻土地，将病残体及菌核深埋。实行轮作，合理密植，注意开沟排水，降低田间湿度。③药剂防治。播种前每100千克种子用28%噻虫嗪·噻呋酰胺悬浮剂850毫升拌种，发病初期每亩用24%井冈霉素A水剂40毫升或40%菌核净可湿性粉剂250克，兑水喷洒茎基部。

纹枯病为害不同部位症状

纹枯病病部产生的菌核

## 玉米苗枯病

　　玉米苗枯病是玉米苗期的一种真菌病害，发病初期常造成玉米苗心叶卷曲、萎蔫，严重者造成死苗。近几年，玉米苗枯病发生有加重趋势，成为玉米苗期的主要病害之一。

**病原学名**：*Fusarium verticillioides*。

**症状**：夏玉米从出苗至3叶期开始表现症状，幼苗基部1～2叶先发黄，叶尖和叶缘干枯。由基部叶片逐渐向上部发展，进而引起心叶卷曲，严重的植株叶片干枯，心叶萎蔫，植株死亡。拔出病株，可见有些根系产生褐色病斑，根毛减少，无次生根，重病株茎基部水渍状腐烂。种皮上有时生有霉状物。

**发病规律**：种子和土壤均可带菌，以种子带菌为主。病原菌在种子上越冬，玉米发芽后，病菌侵染根部导致发病。玉米品种对苗枯病的抗性存在差异。种子发芽势弱易感病。玉米播后墒情不足或较长时间积水，都会导致植株抗病性降低，加重苗枯病发生。

苗枯病病株

健株（左）与苗枯病病株比较

**防治方法**：①选种抗病品种。②种子包衣。每100千克种子可用4.23%种菌唑·甲霜灵微乳剂120毫升，或3.5%咯菌·精甲霜灵悬浮种衣剂200毫升进行种子包衣，对苗枯病有较好的防效。针对购买的包衣种子，防治苗枯病可以对种子进行二次包衣，为了安全，二次包衣的种子需进行发芽试验。③加强水肥管理。若播种时土壤墒情不足，播后应及时灌溉。

## 玉米全蚀病

玉米全蚀病是一种土传病害，在黑龙江、吉林、辽宁、河北、山东、河南等地均有发生，该病害目前发生不普遍，一般轻病田减产约5%，重病田减产20%～30%。

**病原学名**：*Gaeumannomyces graminis var. maydis*。

**症状**：病原菌从苗期到灌浆期均可侵染。苗期染病地上部症状不明显，个别种子根部出现长椭圆形栗褐色病斑。抽穗、灌浆期地上部开始显症，初叶尖、叶缘变黄，逐渐向叶基和中脉扩展，后叶片自下而上变为黄褐色枯死。严重时茎秆松软，根系呈深褐色或黑色腐烂，须根和根毛明显减少，有时病斑从种子根、次生根扩展到气生根，还可延伸至茎基部，形成"黑脚"症状。7、8月土壤湿度大时根系易腐烂，病株早衰20天左右，影响灌浆，籽粒干重下降。在茎基表皮内侧或茎基节上可见小黑点，即病菌的子囊壳，该子囊壳在夏玉米上不成熟。

**发病规律**：玉米全蚀病菌主要以菌丝、子囊壳随病残体在土壤中越冬，成为翌年初侵染源。病菌在病根茬上能存活3年。该病是典型的土传病害，病菌随农事耕作和流水传播，主要从幼苗种子根、种脐、根尖等部位侵入，从苗期到灌浆、乳熟期均能侵染发病，但主要集中在前期。湿度是决定发病程度的重要因素，尤其是7—8月多雨则发病严重。目前尚缺少抗病品种，但品种间对全蚀病抗性差异显著。沙土、壤土上发病重。洼地发病重于平地，平地发病重于坡地。合理施用氮、磷、钾肥防病增产效果明显。

**防治方法**：①选种抗（耐）病品种。②合理施肥。合理施用氮、磷、钾肥，氮、磷、钾肥三者之间比例以1∶0.5∶0.5为好，有条件的增施腐熟的农家肥。③种子包衣。可用种菌唑·甲霜灵或苯醚甲环唑等处理种子。

## 玉米鞘腐病

　　玉米鞘腐病是近些年我国玉米产区普遍发生的一种新病害，在辽宁、吉林、黑龙江、河北、山东、河南、山西、江苏、四川、陕西、甘肃、宁夏等春、夏玉米产区均有发生，且有逐年加重的趋势。鞘腐病如果发展到棒三叶鞘，甚至苞叶时，会引起秃尖、籽粒干瘪或者穗腐。

　　**病原学名**：*Fusarium proliferatum*。

　　**症状**：主要为害玉米叶鞘和苞叶，严重时也为害籽粒。玉米开花初期至籽粒成熟期发生。病斑初为椭圆形红褐色或黄色小点，逐渐扩展为圆形、椭圆形或不规则状斑点，呈红褐色或水渍状腐烂，多个病斑汇合形成浅红褐色病斑，发病严重时，病斑蔓延至整个叶鞘，导致叶鞘干枯死亡。

　　**发病规律**：玉米鞘腐病菌具有腐生性，可随病残体越冬。病菌借气流、雨水和害虫传播，从伤口侵入。病害的发生与品种抗病性、玉米生育期、蚜虫的发生有一定关系，我国北方玉米产区主推的玉米品种对鞘腐病总体具有较好的抗性，仅极少数品种感病或高感。玉米开花初期易感染鞘腐病。玉米蚜虫本身不携带或传播玉米鞘腐病菌，但其取食叶鞘造成的伤口及排泄产生的蜜露均会加重鞘腐病病情。玉米鞘腐病与玉米纹枯病的区别是鞘

鞘腐病叶鞘症状

鞘腐病苞叶症状

腐病病斑中部呈浅红褐色，纹枯病是苍白色；纹枯病可以产生菌核，而鞘腐病不产生菌核。

**防治方法**：①种植抗病品种。如隆平206、豫禾868、衡单6272、永玉8号等。②栽培防治。玉米收获后及时清除田间病残体，如玉米秸秆还田，麦播前应进行土地深耕深翻，减少菌源。③药剂防治。每100千克玉米种子用48%噻虫胺·吡虫啉悬浮种衣剂180克包衣，玉米大喇叭口期用40%氯虫·噻虫嗪水分散粒剂喷雾防治蚜虫和螟虫，能减轻鞘腐病的发生。

## 3.穗部真菌病害

　　玉米穗部真菌病害包括穗腐病、瘤黑粉病、丝黑穗病、霜霉病等。穗腐病是由多种不同病原菌引起的一类病害，这里笔者把它们放在一起，因为除了病原不同外，在发病规律上有许多共性。穗腐病过去属于次要病害，现在已成为生产上的主要病害。瘤黑粉病和丝黑穗病的发生有各自的生态区域，玉米霜霉病菌（非中国种）是我国进境植物检疫性有害生物。

## 玉米穗腐病

玉米穗腐病又称穗粒腐病，是我国玉米生产上的重要病害。该病害由多种病原菌引起，主要的是禾谷镰孢、拟轮枝镰孢、绿色木霉等。近年来，由于小麦、玉米秸秆还田，导致镰孢菌引起的穗腐病为害加重。玉米穗腐病不仅造成籽粒霉烂，而且多种病原菌可产生真菌毒素，如拟轮枝镰孢产生伏马毒素，禾谷镰孢产生呕吐毒素，曲霉菌产生黄曲霉毒素，食用含有毒素的玉米危害人体健康，作为饲料对动物也有一定的毒害作用，因此穗腐病严重影响玉米品质和质量安全。

**病原学名**：*Fusarium graminearum*（有性阶段 *Gibberella zeae*）、*Fusarium verticillioides*、*Trichoderma viride* 等。

**症状**：玉米果穗的籽粒、穗轴和苞叶均可受害。被害果穗的某些籽粒、半穗或整穗上出现紫红色、粉白色、蓝绿色、黑灰色等不同颜色的霉层，有时果穗苞叶外可见变色的霉层。发病籽粒无光泽，不饱满。收获后如果没有及时晾干，入库后籽粒继续霉变。

禾谷镰孢穗腐病症状

**发病规律**：玉米穗腐病菌在玉米种子、病残体或土壤中越冬，成为第二年的初侵染源。病菌主要从伤口侵入，分生孢子借风雨传播。病害流行与品种抗性、蛀穗害虫的发生、温湿度等关系密切。高温多雨以及玉米蛀穗害虫发生偏重的年份，玉米穗腐病发生较重。田间玉米倒伏也易诱发穗腐病。玉米籽粒入库时含水量偏高，以及库内温度高，也利于各种霉菌腐生蔓延，引起玉米穗腐病。

**防治方法**：①选种抗病品种。接种试验表明品种之间抗病性具有一定差异。②种子包衣。可选用4.23%种菌唑·甲霜灵微乳剂，或

3.5%咯菌腈·精甲霜灵悬浮种衣剂处理种子。③治虫防病。玉米大喇叭口期及吐丝期注意防治玉米螟、桃蛀螟等害虫，每亩可用40%氯虫·噻虫嗪水分散剂12克，或40%辛硫磷乳油100毫升，或16 000国际单位/毫克苏云金杆菌可湿性粉剂300克兑水喷雾，重点喷洒于心叶内。

禾谷镰孢在苞叶上的子囊壳

拟轮枝镰孢穗腐病症状

木霉菌穗腐病症状

黄曲霉穗腐病症状

黑曲霉穗腐病症状

不同品种对禾谷镰孢穗腐病的抗性比较

## 玉米瘤黑粉病

玉米瘤黑粉病广泛分布于各玉米栽培区，一般北方比南方、山区比平原发生普遍而严重。近年来，该病害在北方特别是制种区一些杂交种上发生严重，减产达15%以上。

**病原学名**：*Ustilago maydis*。

**症状**：玉米的雌穗、雄穗、茎、叶片、叶鞘等均可受害，病菌主要侵染植株幼嫩部位，形成形状、大小不一的瘤状物。瘤状物近球形、椭球形、棒形或不规则形，有的单生，有的串生，小的直径不足1厘米，大的长达20厘米以上。瘤状物前期由灰白色膜包被，内部为白色幼嫩肉质，成熟后呈黑色粉状物，即病原菌的冬孢子堆。外表的薄膜破裂后，冬孢子分散传播。玉米苗期受害，可造成茎叶扭曲。

**发病规律**：病原菌以冬孢子随病株残体在土壤中越冬，成为翌年初侵染源。越冬后的冬孢子遇适宜温、湿度条件萌发产生担孢子，两性担孢子

瘤黑粉病雌穗症状　　　　　　　瘤黑粉病雄穗症状

瘤黑粉病不同部位症状 　　　　　人工接种瘤黑粉病发病状

结合，产生双核侵染菌丝，从玉米幼嫩组织伤口侵入。瘤黑粉病菌的冬孢子、担孢子可随气流和雨水传播，也由昆虫携带传播。冬孢子成熟后遇适宜温、湿度条件就能萌发，引起再侵染。玉米品种间抗病性有明显差异。玉米抽雄前后遭遇干旱，抗病性明显削弱，此时若遇小雨或结露，病原菌得以侵染，就会严重发病。遭受暴风雨或玉米螟为害后，植株伤口增多，也有利于病原菌侵入，发病趋重。

　　**防治方法**：①种植抗病品种。在自然条件下，多数玉米品种对瘤黑粉病具有一定的抗性，但也有个别品种高度感病。②农业防治。玉米收获后及时清除田间病残体，秋季深翻。施用腐熟的堆肥、厩肥，防止病原菌冬孢子随粪肥传播。加强肥水管理，避免偏施氮肥，防止植株贪青徒长。抽雄前后遇干旱天气应及时灌溉。③药剂防治。播种前每100千克种子用4.23%种菌唑·甲霜灵微乳剂120毫升，或3.5%咯菌腈·精甲霜灵悬浮剂200毫升等种衣剂进行种子包衣。苗期结合防治食叶类害虫，喷施三唑酮、福美双等杀菌剂。

## 玉米丝黑穗病

玉米丝黑穗病在世界玉米产区几乎均有发生，在中国以东北、西北、华北和南方冷凉山区的连作玉米田块发病较重。病害严重时，一般田块发病率为2%～8%，重病田发病率高达60%～70%。由于该病害直接导致果穗全部受害，发病率几乎等同于损失率，所以一旦发生对产量影响较大。

**病原学名**：*Sphacelotheca reiliana*。

**症状**：玉米丝黑穗病为害雌穗和雄穗，为系统性侵染病害，通常在玉米抽穗以后显现症状。雌穗被害时，穗较短，基部粗顶端细，近似纺锤形，不吐花丝，除苞叶外整个果穗变成一个大黑粉包。初期苞叶一般不破裂，黑粉也不外露，后期苞叶破裂，散出黑粉。雄穗受害，多能保持原来的穗形，有时只部分花序被害，小穗变成黑粉苞，有时花器变形增生，颖片增多且延长，整个雄穗呈刺猬状。

**发病规律**：病菌冬孢子散落在土中、黏附在种子表面、混入粪肥中越冬，成为翌年初侵染源，其中土壤带菌和种子带菌在侵染循环中最为重要。翌年，遇适宜温、湿度条件，冬孢子萌发产生担孢子，从萌发种子的胚芽侵入寄主形成系统侵染，造成植株发病。冬孢子在土壤中能存活2～3年。

丝黑穗病雌穗症状（高洁供图）　　丝黑穗病雄穗症状（高洁供图）

种子带菌是远距离传播的重要途径。该病害的发生程度与品种的抗病性、土壤中的病菌数量、环境条件有关。玉米播种至出苗期间的土壤温、湿度条件与发病关系最为密切，早播和播种过深、种植感病品种、连作地块土壤中病菌数量大、春季低温干旱玉米丝黑穗病发生重。

**防治方法**：①种植抗病品种。玉米自交系Mo17、自330、丹340高抗或抗丝黑穗病。②农业防治。玉米收获前及时摘除病瘤并带到田外深埋或销毁，可减少田间土壤中病原菌量，减轻第二年的发病程度。③化学防治。每100千克种子可用11%戊唑·福美双悬浮种衣剂2千克，或6%戊唑醇悬浮种衣剂200毫升进行种子包衣。

## 玉米霜霉病

玉米霜霉病是由不同病原菌侵染导致的全株性病害，在我国多个省份曾有过发生记录，主要分布于宁夏、新疆、甘肃、广西、云南、台湾等地，属偶发性病害。一般病田病株率为5%～10%，严重的病株率高达50%以上，对玉米产量影响较大。玉米褐条霜霉病菌（*Sclerophthora rayssiae*）、玉米霜霉病菌非中国种 [*Peronosclerospora* spp.（non-Chinese）] 2021年被列为我国进境植物检疫性有害生物。

**病原学名**：*Sclerophthora macrospore var. maydis*（大孢指疫霉玉蜀黍变种）、*Peronosclerospora maydis*（玉蜀黍霜指霉）等。

**症状**：玉蜀黍霜指霉主要侵染叶片。苗期发病，全株淡绿色至黄白色，后逐渐枯死。成株期发病，多从中部叶片基部开始，逐渐向上蔓延。发病初期为淡绿色条纹，后相互连合，叶片的下半部或全部变为淡绿色至黄白色，以致枯死。在潮湿的环境下，病叶背面长出白色霉状物，即病菌的孢囊梗和游动孢子囊。重病株不结穗，轻病株能抽雄结穗，但籽粒不饱满。大孢指疫霉玉蜀黍变种侵染造成雄穗完全或部分畸形，小花变为扭曲或皱缩的畸形叶，呈现刺团绣球状，也称疯顶。发病雌穗表现为不育、无或极少花丝，不结实或仅有少量籽粒，有时在苞叶内形成多个不结实小穗。有些病株较正常植株高大，无雌穗和雄穗，上部茎秆节间缩短，叶片对生。大孢指疫霉引起的霜霉病高湿条件下在叶片上不形成孢囊梗和游动孢子囊。

**发病规律**：病原菌以卵孢子在发病种子或其他病残体内越冬。病原菌通过带菌种子远距离传播。在田间，发病植株上产生的游动孢子或病残体中的卵孢子通过风雨在植株间传播。病原菌为系统侵染，侵入后在植株体内扩展，为害叶片、雌穗和雄穗等。温度24～28℃有利于孢子产生和病原菌扩展。玉米5叶前田间高湿利于病害发生。不同玉米品种抗病性存在差异，有报道称中丹2号和丹玉13较为抗病，掖单13和掖单42发病严重。

**防治方法**：①加强检疫。禁止从疫区调运玉米种子。②健康栽培。选用抗病品种，轮作倒茬、深耕灭茬、合理密植、科学施肥，避免土壤长期处于高湿状态，特别是避免玉米5叶期前田间淹水。③药剂防治。播种前进行种子处理，可用35%精甲霜灵种子处理乳剂，或58%甲霜灵·锰锌可湿性粉剂等拌种。发现病株立即拔除销毁，并对全田用25%甲霜灵可湿性粉剂800倍液喷雾防治。

霜霉病病株（何月秋供图）　　　霜霉病田间发病状（何月秋供图）

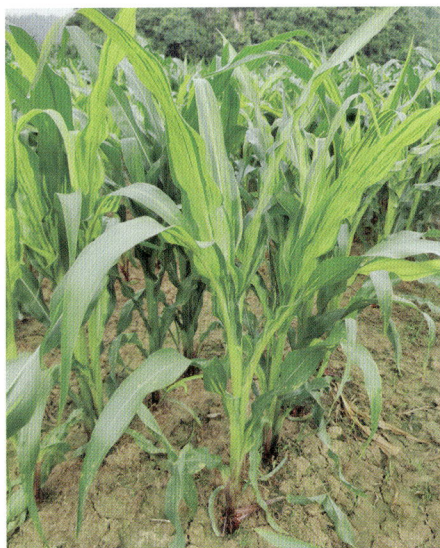

## （二）细菌病害

玉米细菌病害在生产上种类相对较少，目前细菌病害还属于局部地区、偶发性病害，但有加重的趋势。近些年在黄淮海夏玉米区报道的有细菌性茎腐病和细菌性顶腐病，对这些病害还缺乏深入系统的研究。

## 玉米细菌性茎腐病

　　玉米细菌性茎腐病属偶发性病害，主要在玉米生长前期为害。黄淮海夏玉米区6月下旬至7月上旬雨水多时易诱发该病。据报道，该病于2018年在中牟县韩寺、官渡、黄店、刁家等乡镇部分地块点片发生，一般田块病株率8%～23%，严重田块达50%。

　　**病原学名**：*Bacillus pumilus*、*Pantoea agglomerans*、*Erwinia chrysanthemi*等。

　　**症状**：病害发生在玉米生长前期。玉米受害后4～6叶期开始表现症状，病株心叶基部水渍状湿腐，浅褐色，后心叶枯死，易拔出，拔出后的心叶基部呈黑褐色湿腐状，有酸臭味，失水变干后酸臭味不明显。由于植株心叶枯死，病株易出现分蘖。苗期发病严重，病苗枯死。轻病株后期明显矮化，一般不能抽穗结实。

　　**发病规律**：病菌随病残体在土壤中越冬，翌年从植株的气孔或伤口侵入。玉米30～60厘米高时组织柔嫩易发病，害虫为害造成的伤口利于病菌侵入，同时害虫携带病菌起到传播和接种的作用。高温高湿利于发病，地势低洼或排水不良、种植密度过大、通风不良、施用氮肥过多、伤口多，有利于发病。

细菌性茎腐病病株

**防治方法**：①栽培防治。田间发现病株及时拔除，带出田外深埋，减少菌源。采用高畦栽培，严禁大水漫灌，雨后及时排水。②化学防治。及时治虫防病，苗期注意防治玉米螟、棉铃虫等害虫，可用50%辛硫磷乳油1 500倍液，或每亩用40%氯虫·噻虫嗪水分散粒剂10～12克，或5%氯虫苯甲酰胺悬浮剂16～20毫升，或16 000国际单位/毫克苏云金杆菌可湿性粉剂50～100克，对水喷雾，发病初期可用77%氢氧化铜可湿性粉剂1 000倍液喷雾。

细菌性茎腐病拔出的枯死心叶

## 玉米细菌性叶斑病

玉米细菌性叶斑病在我国玉米产区均有发生。主要为害叶片，有时也为害叶柄及茎部。

**病原学名**：*Pantoea ananatis*。

**症状**：主要为害叶片，表现为各种斑点、坏死条斑，严重时导致叶片枯死。病斑类型大致分为2类：①枯死斑型。叶片上分散有小的黄色水渍状斑点，随着病害的发展，病斑逐渐扩大，变为黄色干枯的坏死斑；后期病斑扩大并相互连接，在叶片上形成较大面积枯死斑，进而引起叶片枯死。②条斑型。典型症状为植株矮缩和萎蔫。叶片上形成淡绿色至黄色的条斑，与叶脉平行，有的条斑可以延长到整个叶片，病斑干枯后呈浅褐色。受害严重的植株表现为明显矮缩，甚至萎蔫。

细菌性叶斑病病株

**发病规律**：病原细菌在田间病残体上越冬，成为第二年发病的初侵染源。细菌性叶斑病主要借风雨、昆虫或农事活动传播，病菌从植株伤口或气孔侵入。该病害的发生与田间温度、湿度有密切关系，气候温暖、降雨量较多时，有利于病害的发生和流行。地势低洼、排水不良、播种密度大、土壤板结、偏施氮肥等的地块发病较重。尚未见品种抗病性方面的研究报道。

**防治方法**：①农业防治。玉米收获后，及时清除病残体。秸秆还田的要深耕，以利于秸秆腐熟。②药剂防治。在玉米发病初期，每亩喷施45%精甲·王铜可湿性粉剂100克。

## 玉米细菌性顶腐病

玉米细菌性顶腐病是近些年我国玉米上新报道的病害，在河北、山东、河南、云南等省都有分布。该病害发生不普遍，偶尔在局部地区或地块发生并造成产量损失。

**病原学名**：*Pantoea agglomerans*、*Pseudomonas aeruginosa*、*Serratia marcescens*。

**症状**：玉米细菌性顶腐病以4叶期至玉米抽穗前发病症状最为明显，病株心叶枯萎死亡，幼苗基部易形成丛生的分蘖。发病初期叶片基部出现水渍状不规则形斑点，后呈褐色或黄褐色，病部有臭味。心叶易拔出。天气干燥时，病部呈黄褐色干腐状。叶缘缺刻和叶片撕裂是玉米细菌性顶腐病区别于其他病害的鉴别性特征。

**发病规律**：病原菌在土壤、病残体和种子上越冬，是下一季玉米的主要侵染源。玉米播种出苗后，病菌即可侵入玉米幼根或嫩茎。有再侵染。在田间主要靠风雨和流水传播；生长适温为25～30℃。调查发现，玉米细菌性顶腐病的发生与病原菌的数量、品种抗性、气候条件、栽培制度、田间管理等有密切关系。一般7月中下旬持续阴雨寡照、闷热潮湿，会造成大量病原菌滋生，是玉米顶腐病的发病高峰期。地势低洼、土壤黏重、大水漫灌则发病重，田间病株率一般在18%以上，而沙壤土田块病株率在3%以下。田间密度过高，通风、透光、透气性差的田块病害发生重，偏施氮肥、重茬种植、播期过晚的田块发病重，管理粗放、玉米植株生长势弱的田块发病重。

**防治方法**：①种植抗病品种。如迪卡653、先玉335等。②栽培防治。

玉米收获后要及时清除田间病残体，麦播前进行深耕深翻。适期早播，使顶腐病盛发期与玉米大喇叭口生育期错开，从而减轻病害。合理密植，平衡施肥。③药剂防治。发病初期用4%嘧啶核苷类抗菌素水剂400倍液或77%氢氧化铜可湿性粉剂1 000倍液喷雾。

细菌性顶腐病病株

细菌性顶腐病湿腐症状

## （三）病毒病害

　　玉米病毒病的种类不多，但有些在玉米生产中能够造成严重危害，如玉米粗缩病和玉米矮花叶病。玉米粗缩病和玉米矮花叶病均为系统侵染性病害，发病越早产量损失越大。两种病害的病原均可由昆虫介体传播，玉米矮花叶病毒也可汁液摩擦传播。玉米粗缩病在黄淮海夏玉米区发生较为普遍，前些年河南东部地区、安徽和山东的部分地区粗缩病发生严重，主要与玉米播种早、品种感病等有关。笔者2016年在河南中牟对119个玉米品种进行抗粗缩病鉴定，5月13日播种，玉米灌浆期调查病情，发病率为15%～90%，其中病株率50%以上的品种为46个。玉米病毒病防治要点是利用抗病品种、适期晚播和防治传毒介体昆虫。

## 玉米粗缩病

玉米粗缩病是一种世界性的病毒病害，在中国黄淮海夏玉米产区危害较重，新疆也曾报道麦田套种玉米的部分地块粗缩病发生严重，发病率达80%～90%。该病害具有毁灭性，一般造成减产10%～30%，发病较重的田块在80%以上，严重的几乎绝收。

**病原学名**：*Rice black streaked dwarf virus*（RBSDV）。

**症状**：玉米整个生育期都可感染发病，以苗期受害最重。玉米在5～6叶期即可表现症状，初在心叶中脉两侧的叶片上出现透明的断断续续的褪绿小斑点，逐渐扩展至全叶，呈线条状。叶背面主脉及侧脉上出现长短不等的白色蜡状突起，又称脉突。病株叶片浓绿，基部短粗，节间缩短，有的叶片僵直，宽而肥厚，重病株严重矮化，高度仅有正常植株的1/2～1/3，多不能抽穗。发病晚或发病轻的仅上部叶片浓绿，顶部节间缩短。雌穗短，花丝少，畸形，严重时不能结实。病株根系不发达，易拔出。病株轻重因感染时期的不同而异，一般感染越早，发病越重。

**发病规律**：我国北方玉米粗缩病毒在冬小麦及其他杂草寄主上越冬，也可在传毒灰飞虱体内越冬。第二年玉米出土后，灰飞虱将病毒传染到玉米苗上，辗转传播为害。玉米5叶期以前易感病，10叶期以后抗性增强。玉米出苗至5叶期如果与传毒昆虫迁飞高峰相遇，则发病严重。玉米播期和发病轻重关系密切，在河南省原阳县和开封市祥符区的试验报道，4月29日至5月29日播种的玉米均有不同程度的粗缩病发生，6月3日后播种的玉米粗缩病发病程度明显降低。因此，黄淮海夏玉米早播则易发病重。不同玉米品种对粗缩病的抗性有一定差异。田间管理粗放，杂草丛生，灰飞虱发生严重，发病重。

**防治方法**：①选用抗病品种。在病害高发区选种抗病或中抗品种，避免种植高感或感病品种。②栽培防治。调整播期，使玉米对病害最为敏感的生育时期避开灰飞虱成虫盛发期。在黄淮海玉米区，夏播玉米应避免早播，一般在6月中旬播种为宜。清除路边、田间杂草，降低灰飞虱的虫口数量。③化学防治。每100千克种子用35%噻虫嗪悬浮种衣剂300毫升，或600克/升噻虫胺·吡虫啉种子处理悬浮剂600毫升进行种子包衣。苗期每亩用21%噻虫嗪悬浮剂5毫升对水喷雾，杀灭传毒介体灰飞虱。

粗缩病田间病株

粗缩病病叶背面的"脉突"

粗缩病严重发病状

## 玉米矮花叶病

玉米矮花叶病也称花叶条纹病，在国内主要玉米产区均有分布，以西北和华北北部玉米产区为害较重。该病害的发生要求冷凉的温度条件，蚜虫为传毒介体，在黄淮海夏播玉米区人工摩擦接种虽然发病，但只是在心叶产生褪绿小点花叶，植株矮化不明显。

**病原学名**：*Sugarcane mosaic virus*（SCMV）。

**症状**：玉米整个生育期均可发病，苗期受害重，抽雄前为感病阶段。最初在心叶基部叶脉间出现椭圆形褪绿小点或斑纹，沿叶脉排列成断续的长短不一的条点，病情进一步发展，叶片上形成较宽的褪绿条纹，叶绿素减少，叶色变淡，新

矮花叶病病株心叶上的花叶症状

矮花叶病重病株

叶较明显。有的从叶尖、叶缘开始出现紫红色条纹，最后干枯。病株的矮化程度不一，早期感病矮化较重，后期感病矮化轻或不矮化。重病株不能抽穗而提早枯死，少数病株虽能抽穗，但穗小、籽粒少而瘪瘦。

发病规律：病毒在杂草上越冬，借助蚜虫吸食病株汁液而传播，汁液摩擦也可传播。蚜虫作为传毒介体，主要是麦二叉蚜、高粱蚜、玉米蚜等。玉米品种间抗性存在差异，病害发生与传毒介体发生量、气候和栽培条件等有一定关系。品种抗病力差、毒源和传毒蚜虫量大、苗期天气"冷干少露"等有利于发病。春玉米晚播，夏玉米早播，玉米幼苗期与麦收前、后蚜虫迁移高峰期吻合，发病重。

矮花叶病轻病株

矮花叶病田间发病状

**防治方法**：①种植抗病品种。鲁单50、吉853、掖单20、农大65等品种较抗病。②栽培防治。适当调整播期，夏玉米适期晚播。清除田间杂草，减少毒源。加强肥水管理，提高植株抗病能力。③药剂防治。每100千克玉米种子可用600克/升噻虫胺·吡虫啉种子处理悬浮剂600毫升进行拌种。苗期每亩用10%吡虫啉可湿性粉剂25克对水喷雾，杀灭传毒介体蚜虫。

## 玉米病毒性红叶病

玉米病毒性红叶病病原病毒除为害玉米外也为害小麦、谷子、糜子、高粱及多种禾本科杂草。病株株高稍降低，籽粒数量减少，有时引起植株不育，有报道称减产15%～20%。目前该病仅在局部地块为害，或零星发生。

**病原学名**：*Maize yellow mosaic virus* (MaYMV)、*Barley yellow dwarf virus* (BYDV)。

**症状**：发病一般从下部4～5叶开始，逐渐向上发展。叶片多由叶尖沿叶缘向基部变紫红色(个别品种变金黄色)，发病轻时仅部分叶缘和叶尖变红，变红部分占叶片的1/3～1/2，严重时整张叶片变红。病叶光亮，质地略硬。发病早的植株矮小，茎秆细瘦，叶片狭小。此外，因玉米螟蛀秆为害或缺磷也会出现红叶(见缺素症)，虫害导致的红叶一般在上部叶片出现，缺磷导致的红叶多在苗期发生。

**发病规律**：病原病毒由蚜虫以循回型持久性方式传播，蚜虫不能终生传毒，也不能通过卵或胎生若蚜传至后代。在冬麦区，传毒蚜虫在夏玉米、自生麦苗或禾本科杂草上为害越夏，秋季迁回麦田为害。传毒蚜虫以若虫、成虫或卵在麦苗和杂草基部或根际越冬。翌年春季又继续为害和传毒。麦田发病重，传毒蚜虫密度高，玉米田发病也加重。玉米品种间发病有差异，有报道称玉米品种户单4号发病尤重。

病毒性红叶病病株

**防治方法**：①种植抗病品种。②化学防治。做好麦田小麦黄矮病和蚜虫的防治，减少侵染玉米的毒源和介体蚜虫。每100千克种子用600克/升噻虫胺·吡虫啉种子处理悬浮剂600毫升拌种。苗期每亩用21%噻虫嗪悬浮剂5毫升喷雾，杀灭传毒介体蚜虫。

病毒性红叶病田间发病状

## （四）线虫病害

世界范围内已报道的可引起玉米产量损失的线虫主要有根结线虫、短体线虫和孢囊线虫等。目前短体线虫在我国多个玉米产区均有发生，部分地块严重发生。此外，我国20世纪80年代发现的玉米矮化病曾被认为是地下害虫为害引起。该病曾在东北暴发，危害严重，经调查研究发现，该病是线虫为害所致，并将该病害命名为玉米线虫矮化病。目前，我国对于玉米线虫病害的系统深入研究还较少。

## 玉米根腐线虫病

玉米根腐线虫病是由短体线虫为害造成的。目前，我国河南、河北、山西、山东、江苏、陕西、广东、广西和内蒙古等地均有短体线虫为害玉米的报道，对玉米生产危害较大。

**病原学名**：*Pratylenchus scribneri*、*P. brachyurus*、*P. hexincisus*、*P. zeae* 等。

**症状**：玉米根腐线虫病主要为害玉米根部。发病初期，根部出现黄褐色坏死病斑，后病斑不断扩大，呈褐色至黑褐色，严重时病斑可环绕根部。被害根衰弱，根系变少，严重情况下根系腐烂。玉米根系受害后，地上部一般表现生长不良，植株矮小，生长势弱，叶片发黄等。

**发病规律**：玉米收获后，线虫以卵、幼虫和成虫在土壤中越冬，也可寄生在其他寄主作物的根部越冬，成为第二年的初侵染源。翌年，玉米种子生根后，成虫和各龄幼虫即可侵入玉米根系取食繁殖。田间传播的主要途径是病土的搬运以及灌溉水和雨水传播。线虫的群体数量与土壤类型和土壤湿度有密切关系。干旱时线虫的群体数量会下降。沙性土壤、保水透气性好的土壤，病原线虫群体量大；黏性土壤中，线虫的群体数量少。短体线虫寄主广泛，寄主植物连作年限越长，线虫群体密度越大，发病越重。

**防治方法**：①加强栽培管理。清除田间寄主杂草，翻晒土壤，减少初侵染来源。加强水肥管理，施用堆肥或增施有机肥，增施钾肥，提高玉米的抗病力。②实行轮作。与非寄主植物轮作可降低田间短体线虫的数量，减轻玉米根腐线虫病。如田间种植万寿菊1～2年可显著降低田间短体线虫的种群密度。③药剂防治。目前在我国可使用的化学杀线虫剂主要有阿维菌素、噻唑磷等。

根腐线虫造成部分根系变黑

## 玉米线虫矮化病

玉米线虫矮化病于20世纪80年代在辽宁、吉林等地发生，俗称"丛生苗""老头苗""君子兰苗"，曾被认为是地下害虫为害所致，由于发病面积小，未引起足够的重视，此后发病趋于严重。2015年报道该病由线虫为害造成。据调查，发病严重年份田间发生率可达21%～67%，且发病植株基本不结果穗，因此，发生率基本等于损失率。

**病原学名：***Trichotylenchus changlingensis*。

**症状：**病害始发于苗期，4～5叶期田间症状表现明显，感病植株叶片上出现沿叶脉方向的黄色或白色失绿条纹，有的植株叶片皱缩扭曲，有的植株叶鞘或叶片边缘发生锯齿状缺刻。拔除病苗剥掉茎基部外面的叶片，可见茎基部呈纵向或横向开裂状，黑褐色，内部中空。病株茎节缩短，植株矮缩或丛生，不结实或果穗瘦小。少数发病轻的植株后期可恢复生长，但植株相对矮小，果穗发育不良。

**发病规律：**病原线虫以卵、幼虫、成虫在土壤中越冬，第二年温、湿度条件适宜时卵孵化出二龄幼虫，二龄幼虫从玉米幼芽或胚轴侵入，寄生于皮层中取食、生长发育。目前病害的发生条件和线虫的生活史未见研究报道。

**防治方法：**用20.5%多·福·甲维盐悬浮种衣剂按药种比1：60处理玉米种子；或者用15%噻唑磷微囊悬浮种衣剂以药种比1：50处理玉米种子，对玉米矮化线虫病田间防效可达73%。

线虫矮化病病株

线虫矮化病茎基部症状

## （五）非侵染性病害

玉米非侵染性病害是指由于营养元素失调、温度失调、水分失调、农药使用不当等因素造成的玉米生长不良的一大类病害。该类病害共同的特点是没有传染性。目前玉米田使用除草剂替代了人工除草，由此带来的除草剂药害频发；近些年黄淮海夏玉米区在玉米抽雄散粉期，某些品种因高温热害造成结实不良，严重影响玉米产量和品质。

### 玉米缺素症

玉米在生长过程中如果缺乏某种营养元素，或该元素量低于玉米生长需要的最低值，植株就会表现出不正常的病态，特别是玉米植株对氮、磷、钾等大量营养元素需求量较大，如果不及时施肥补充营养元素，就会造成一定的减产。

**发生原因**：主要是土壤中大量营养元素缺乏。造成缺乏的原因是土壤贫瘠，如沙土地，有机质含量低，保肥保水能力差，当施用肥料不足时，易发生缺素症状；或者一些沙壤土、黏土地块，土壤中营养元素被前茬作物利用，如果玉米生长季不施用足够的肥料，生长后期也会出现缺素症。

**症状**：①缺氮：当玉米缺氮时，苗期生长缓慢，植株矮小，叶片呈淡黄绿色，随着时间推移，植株下部的老叶开始黄化，逐渐向上发展，最后叶片呈黄褐枯死。中后期叶片由下而上发黄，先从叶尖开始，然后沿中脉向叶基延伸，形成 V 形黄化，边缘仍为绿色，最后全叶变黄枯死。果穗小，顶部籽粒不充实。②缺磷：玉米幼苗期和开花期容易出现缺磷症状。幼苗期缺磷，根系发育差，植株生长缓慢。叶片从叶尖、叶缘开始呈紫红色，极端缺磷时，叶边缘从叶尖开始变成褐色枯死。开花期缺磷，雌蕊花丝延迟抽出，影响授粉，穗行不齐，籽粒不饱满，常出现"秃顶"现象。上部叶片变紫红色。③缺钾：玉米缺钾时，叶片沿叶缘黄化，并逐渐向整个叶片的脉间扩展，叶缘焦枯，但上部叶片仍保持绿色。植株生长缓慢，节间变短，矮小瘦弱，支撑根减少，易倒伏。果穗小，顶部发育不良。

**预防与减害方法**：①种植前进行测土配方施肥。②对保肥能力较差的沙土地实施多次施肥，增加追肥次数。③中后期增施叶面肥。

严重缺氮地块植株

严重缺磷地块植株

严重缺钾地块植株

不缺素地块植株

## 玉米旱害

**发生原因**：玉米播种至整个生长期，如遇较长时间不降雨，又不能及时灌溉，高温条件下就会造成大气和土壤干旱，使玉米生长发育受阻，出现各种轻重不一的旱害，导致减产甚至绝收。玉米因干旱造成减产的程度与干旱程度、持续时间和玉米生育期有一定关系。

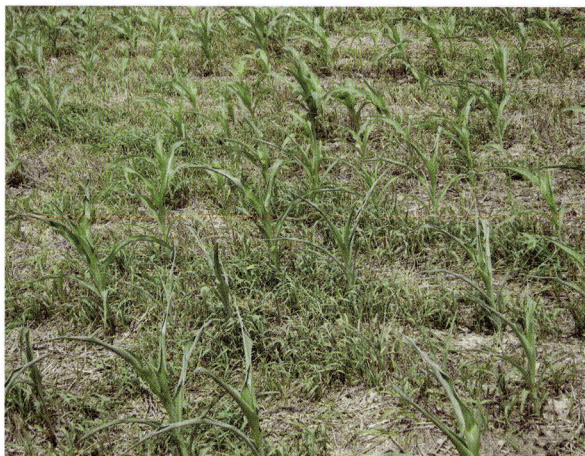

干旱致叶片卷曲

**症状**：田间玉米出现缺苗断垄现象。玉米生长发育受阻，植株矮小，叶片卷皱，发黄，甚至枯死。玉米小花、小穗分化不良，雌穗发育缓慢，形成半截穗、穗上部退化，严重时，雌穗发育受阻、败育，形成空穗株。雄蕊抽出推迟，授粉不良。灌浆期的玉米遭遇旱灾，则籽粒不饱满。

**预防与减害方法：**
①选种耐旱玉米品种。
②深耕保水，蹲苗促

干旱致下部叶片干枯

根。播种玉米前对田地进行深耕，增施有机肥，提高土壤蓄水保水能力。苗期适当蹲苗，促进根系发育，提高抗旱能力。③及时灌溉。根据条件可采用喷灌、滴灌、漫灌等形式。

## 玉米渍害

**发生原因：**因土壤含水量过多而影响玉米生长发育的现象，称为玉米渍害。造成渍害主要因为连续降雨且排水不利，或地势低洼积水，土壤中氧气缺乏，玉米根系较长时间无法呼吸而坏死，导致地上部分植株萎蔫，甚至死亡。

**症状：**玉米涝渍发生以后，地下部分的根系首先受害，表现为生长受阻。因淹水时间过长，嫌气微生物活动产生有毒物质，使植株根系中毒，出现"黑根"现象，致使全株萎蔫。地上部植株生长慢，下部叶片枯黄。苗期涝渍影响雌雄穗的分化进程，使吐丝期推迟。后期涝渍，削弱根系的吸收能力，籽粒灌浆不足，"秃顶"增加，粒重下降，导致减产。

**预防与减害方法：**①选种耐涝性强的品种。②早播避涝。玉米苗期对涝渍最为敏感，拔节以后需水量增加，耐涝性增强，适时早播，可使玉米在汛期到来之前形成壮苗。③汛期做好排水。田间开挖排水沟，做到田间无明涝暗渍。④增施肥料。涝渍发生以后，除做好排水外，及时追施速效氮肥，可增加植株的氮素供应，恢复生长，减少损失。

玉米田渍害状

## 玉米高温热害

**发病原因：**玉米高温热害是指我国黄淮海夏玉米种植区进入7月下旬后，玉米生长发育即将进入抽雄吐丝和授粉阶段，如果气温持续在35℃以上，且干旱并持续一段时间，对玉米生长发育造成损害的现象。近些年来由于夏季高温，加之一些品种耐热性差，玉米高温热害发生频率增加。高温热害是玉米生产中遇到的一种自然灾害，进入7月下旬，夏玉米处于旺盛的营养生长到生殖生长转化的关键期，对光、肥、热、水、气等因素均非常敏感。当玉米处于日平均气温高于35℃且持续5天以上，无效降雨持续8天以上的气象条件下，就会发生高温热害。玉米热害

高温热害致雌穗发育不良（赵志宏供图）

指标（以中度热害为准）：苗期36℃，生殖期32℃，成熟期28℃。开花期气温高于32℃不利于授粉。

**症状**：雌雄分化发育受阻，发育不良，花粉和花丝活力下降，甚至败育。花粉量少，散粉和受精时间短，造成授粉结实不良，果穗秃尖、缺粒，产量严重下降。

高温热害致雄穗发育不良(赵志宏供图)

**预防与减害方法**：①选种耐高温的优良品种。②栽培防治。可采取人工辅助授粉减轻危害。适当增施有机肥、微量元素锌肥和后期补充钾肥，可有效缓解根系衰老，改善玉米叶片气孔调节能力，提高叶片水分含量，增强玉米耐热性。有条件的地区适时灌溉，降低田间温度。合理密植，适当降低种植密度。

## 玉米除草剂药害

**发生原因**：化学除草省工省时效果好，但如果除草剂使用不当，就会引起对玉米的伤害，轻则出现玉米生长不良，重者引起严重减产。玉米田除草剂药害的原因可以归纳为以下几点：①用错药。玉米为单子叶植物，如果错用了杀灭单子叶杂草的除草剂，就会对玉米造成药害。②用药量过大。未按规定剂量用药，随意加大用药量。③用药时期不当。如烟嘧磺隆一般苗后使用的安全期为玉米的3～5叶期，2叶期以前或6叶以后使用易产生药害。④施药不当。喷施过灭生性除草剂的喷雾器没有彻底清洗，用于喷施玉米田除草剂，易对玉米产生药害。打药时喷雾不均匀，导致局部喷液量过多，也易使玉米受害。⑤天气原因。玉米生长前期高温干旱，使用除草剂易对玉米生长造成危害。⑥个别玉米品种对除草剂敏感。如甜玉米和爆裂玉米品种对烟嘧磺隆敏感。

**症状**：①烟嘧磺隆药害。玉米田喷施烟嘧磺隆过量或施药过晚，5～10天后，玉米心叶褪绿、变黄，或叶片出现不规则的褪绿斑。有的叶片卷缩成筒状，叶缘皱缩，心叶牛尾状，不能正常抽出。玉米生长受到抑制，植

烟嘧磺隆过量导致的药害

灭生性除草剂致叶片药害

除草剂使用不当致植株药害

株矮化，有些植株产生部分丛生、次生茎。药害轻的可恢复正常生长，严重的难以恢复，影响产量。②2甲4氯钠盐药害。叶片卷曲，有的变成葱管状，叶色浓绿。雄穗很难抽出，茎变扁而脆弱，易折断；叶色浓绿；地上部产生短而粗的畸形支持根。严重的田块玉米叶片变黄，干枯，无雌穗。③乙草胺药害。乙草胺在玉米播后出苗前使用，如用量过大，有的种子不能出苗，有的出苗后生长受抑制，叶片变形，心叶卷曲不能伸展，有时呈鞭状，其余叶片皱缩，植株矮化。

　　**预防与减害方法**：①严格按照药剂使用要求用药。②一旦发生除草剂药害，应加强肥水管理，追施速效肥并浇水，促苗早发快长。应用微肥、植物生长调节剂促进玉米生长。③如受害过重，则应考虑补种、补栽或毁种，以免造成严重减产或绝产。

## 玉米种衣剂药害

　　**发生原因**：种衣剂是由杀虫剂、杀菌剂、微量元素、植物生长调节剂、增效剂、缓释剂、成膜剂和表面活性剂等组成的具有杀虫、杀菌、壮苗功效的复合型产品，为了防治玉米苗期病虫害，玉米种子普遍使用种衣剂包衣处理。但玉米种衣剂种类较多，其中的成分较为复杂，一旦使用不当也会发生药害。玉米种衣剂药害发生的主要原因有以下几点：①种衣剂使用过量。种衣剂中的某些杀菌剂、植物生长调节剂等属于植物外源性激素，一旦用量过大就会抑制种子萌发和幼苗生长，如烯唑醇等三唑类种子处理剂对种子萌发和幼苗生长有一定抑制作用。②环境条件影响种衣剂的安全性。东北春玉米区一些防治丝黑穗病的三唑类杀菌剂和防治地下害虫的有机磷类杀虫剂受春季低温或干旱的影响有时会对玉米幼苗造成伤害。

　　**症状**：玉米种衣剂发生药害后常表现为种芽弯曲，在土壤内拱不出土，或者在地下展不开子叶，根少，幼苗畸形。药害轻的出苗晚3～5天，重的不出苗，造成田间缺苗断垄。

　　**预防与减害方法**：①科学用药。使用玉米种衣剂时一定按照药剂使用说明，大批量进行玉米种子包衣时，应先进行包衣处理后的发芽试验。②药剂救治。田间一旦发生种衣剂药害，应及时喷施促进生长的植物生长调节剂，如用8%胺鲜酯可溶性粉剂1 500倍液喷雾，可以促使幼苗尽快恢复生长。

种衣剂使用不当造成的药害

## 玉米生理性红叶病

**发生原因**：多种原因可以造成玉米生理性红叶病，主要的有：①害虫为害引起的红叶病。玉米螟等蛀茎害虫钻入茎秆后，破坏了茎秆的输导组织，使蛀口以上叶片的光合产物不能向下输导，大量糖分不能运输转化，积累在叶片中使代谢紊乱，导致绿叶变红。②雌穗发育不良等引起的红叶病。高温热害造成雌穗发育不良、空秆或人为提前摘除果穗等，也使得叶片的光合产物无法输送到"籽粒库"中，导致叶片变红。③玉米缺磷引起的红叶病。当土壤中的有效磷供应不足时，使玉米植株体内代谢失调，大量合成的糖分不能迅速转化而变成花青素，导致叶片变红。玉米生理性红叶病常见由前两种原因造成。

**症状**：缺磷引起的红叶在玉米苗期至生育中期都可发生，叶片和叶鞘表现为紫红色，叶片从叶尖开始向上发展（见缺素症）。玉米螟等为害造成的红叶病多发生在玉米生育中后期，田间往往是玉米上部叶片变紫红色。

**预防与减害方法**：缺磷造成的红叶病，应增施农家肥或磷肥，或玉米拔节期每亩喷施磷酸二氢钾叶面肥200克，均可有效缓解红叶病的发生。对于玉米螟为害造成的红叶病，应加强害虫防治，每亩可用40%氯虫·噻虫嗪水分散粒剂15克,在大喇叭口期对水喷雾。预防玉米热害雌穗发育不良造成的红叶病,应选种耐热害品种,遇高温干旱应及时灌溉。

玉米螟为害茎秆导致的红叶病

雌穗结实不良导致的红叶病

提早摘除雌穗导致的红叶病

# 二、玉米害虫及其天敌昆虫

## （一）地下害虫

地下害虫亦称土壤害虫或土栖害虫，是指为害期间或主要为害虫态生活于土壤中、主要为害植物的地下部分（种子、根、地下茎、地下果实）和近地面部分的一类害虫。为害玉米的地下害虫主要有金针虫、蛴螬和地老虎等，局部地区或个别年份发生的还有二点委夜蛾和耕葵粉蚧等。其中以金针虫发生普遍而且为害严重。

地下害虫在全国各地普遍发生。除个别种类外，大多数地下害虫寄主植物种类多，除为害玉米外，还可为害小麦、大豆、花生、甘薯、马铃薯等大田作物和蔬菜、药用植物、花卉、草坪草等。在玉米田，地下害虫主要在播种后出苗前至小喇叭口期为害，取食刚萌芽的种子及幼苗根系和茎基部，影响玉米植株生长发育，为害严重时造成幼苗死亡。

### 沟金针虫

沟金针虫属鞘翅目叩甲科，是我国北方旱作农田的重要多食性地下害虫。随着小麦—玉米连作区域扩大及秸秆还田技术的推广，土壤腐殖质含量增加，沟金针虫对玉米的为害呈加重趋势。除沟金针虫外，为害玉米的叩甲科昆虫还有细胸金针虫（*Agriotes fuscicollis*）。

**学名**：*Pleonomus canaliculatus*。

**形态特征**：成虫体浓栗色，密被黄色细毛。雌虫触角略呈锯齿状，长约为前胸的2倍。前胸背板背面呈半球形隆起，前狭后宽，宽大于长，中央有微细纵沟。鞘翅长约为前胸的4倍，翅上纵沟不明显，后翅退化。雄虫触角丝状，长达鞘翅末端。鞘翅长约为前胸的5倍，翅上纵沟明显，后翅发达。卵近椭圆形，乳白色。老熟幼虫体金黄色，扁平较宽，胸、腹部背面有一纵沟。尾节深褐色，末端分两叉，并稍向上弯曲，各叉内侧有一小齿。蛹长纺锤形，末端有2个刺状突起。

细胸金针虫与沟金针虫的主要区别是：老熟幼虫细长，圆筒形，淡黄褐色，体表有光泽。尾节末端圆锥形，背面近基部两侧各具1褐色圆斑，圆斑后方有4条褐色纵纹。

**发生规律**：一般3年发生1代，以成虫和幼虫在20～80厘米深的土层中越冬。在华北地区，越冬代成虫3月上旬开始活动，4月上旬为活动盛期。成虫昼伏夜出，白天多藏匿于表土内，傍晚爬出交配、产卵，卵产于3～7厘米深的土中，散产，单雌产卵约200粒，卵期约30天，5月上、中旬为孵化盛期。幼虫为害至6月底开始越夏。9月中、下旬秋播开始时，幼虫复又开始为害，直至11月上、中旬，此后进入越冬。越冬幼虫翌年3—4月开始为害小麦，玉米播种后为害玉米种子及幼苗。幼虫发育不整齐，世代重叠严重，在玉米生长季节，各龄幼虫均可见到，以苗期玉米受害最重。细胸金针虫一般2年完成1代，其越冬及发生、为害特性与沟金针虫相似。

**为害状**：幼虫钻蛀为害土壤中的作物种子、幼苗地下根、茎和块根、块茎，造成的伤口有利于病原菌侵染，从而引起腐烂。为害玉米时，幼虫咬食播下的种子使其不能发芽，咬断须根造成幼苗萎蔫，钻蛀根、茎基部导致幼苗生长停滞、心叶枯萎直至整株死亡，造成缺苗断垄。幼苗受害部位的显著为害状是根、茎不被完全咬断，断口不整齐而呈丝状。成虫咬食寄主叶片边缘和中部叶肉，仅剩叶表皮和叶脉，叶片干枯后呈不规则残缺，但为害不严重。

**防治方法**：①农业防治。采用禾谷类和块根、块茎类大田作物与棉花、芝麻、油菜、麻类等直根系作物轮作。玉米出苗后及时灭前茬，收获后深耕细耙。②药剂防治。播种前，每100千克种子用30%噻虫嗪种子处理悬浮剂400～600毫升，或600克/升吡虫啉悬浮种衣剂400～600毫升拌种或包衣，晾干后播种。玉米出苗后金针虫为害严重时，使用40%甲基异柳磷乳油或50%辛硫磷乳油1 500倍液灌根，当大面积为害时，可随浇水施药。

沟金针虫雌成虫

沟金针虫幼虫

沟金针虫蛹

沟金针虫幼虫为害玉米根

玉米受害幼苗心叶枯死状

在土壤中越冬的沟金针虫幼虫

## 大黑鳃金龟

大黑鳃金龟属鞘翅目鳃金龟科，寄主广，成虫取食豆类、榆、苹果、杨、柳等多种农作物和林木植物的叶片，幼虫为害薯类、豆类、禾谷类等多种农作物和蔬菜的根和地下茎。玉米田常见的金龟子还有暗黑鳃金龟（*Holotrichia parallela*）、铜绿丽金龟（*Anomala corpulenta*）等，其为害特性与大黑鳃金龟相似。

**学名**：*Holotrichia oblita*。

**形态特征**：成虫体黑色或黑褐色，有光泽。每鞘翅具4条明显的纵肋。前足胫节外齿3个，内方有距1个；中足和后足胫节具端距2个。臀节外露，背板向腹部下方包卷。前臀节腹板中间，雄性为一明显的三角形凹坑，雌性为枣红色菱形隆起。卵长椭圆形，白色稍带黄绿色光泽，近孵化前圆球形，洁白而有光泽。幼虫共3龄。三龄幼虫头部黄褐色，胴部乳白色。头部前顶毛每侧3根。肛腹板后部散生钩状毛70～80根，无刺毛列，肛门孔3裂。裸蛹，初期乳白色，后逐渐变为红褐色。

**发生规律**：大黑鳃金龟在华南地区1年发生1代，其他地区2年1代。在2年1代地区，春季10厘米土温达到10℃时，成虫开始出土活动，5月中旬为成虫盛发期，6月上旬至7月上旬是产卵盛期，6月下旬至8月中旬为卵孵化盛期，幼虫为害玉米、甘薯、马铃薯等作物，秋季土温低于10℃时潜入土壤耕层深处越冬。越冬幼虫翌年春季为害小麦，6月初开始化蛹，7月下旬至8月中旬为成虫羽化盛期，但成虫羽化后不出土即在土中潜伏越冬。

**为害状**：成虫咬食叶片成不规则的缺刻或孔洞，幼虫咬食农作物、蔬菜、牧草、果树幼苗的地下部分，导致幼苗干枯死亡，轻则缺苗断垄，重则毁种绝收。最喜为害花生嫩果和甘薯、马铃薯薯块，使薯块表面呈明显的凹坑，造成的伤口容易引起病原菌侵染。咬食玉米须根或种子根使幼苗萎蔫甚至死亡。

**防治方法**：①农业防治。深耕细耙，精耕细作，不施用未腐熟的厩肥。②诱杀。利用诱虫灯诱杀成虫。③药剂防治。玉米播种前，每100千克种子用600克/升吡虫啉悬浮种衣剂400～600毫升或48%噻虫胺种子处理悬浮剂144～433毫升进行包衣。玉米出苗后幼虫为害严重时，可选用0.3%苦参碱水剂、2.5%鱼藤酮乳油、白僵菌可湿性粉剂或50%氰戊·辛硫磷乳油等对水灌根。

大黑鳃金龟成虫

大黑鳃金龟幼虫

## 小地老虎

小地老虎属鳞翅目夜蛾科，为多食性害虫，寄主植物包括玉米、大豆、棉花、烟草等多种农作物和蔬菜、果树及林木幼苗。在黄淮海夏玉米区一般对春玉米为害重，对夏玉米为害轻。

**学名**：*Agrotis ipsilon*。

**形态特征**：雌成虫触角丝状，雄成虫双栉齿状。前翅前缘区黑褐色，肾状纹、环形纹和楔形纹均镶黑边，肾形纹外侧凹陷处有一尖端向外的黑色三角形斑，与亚外缘线上2个尖端向内的黑色楔形斑相对；亚基线、内横线、外横线及外缘线均为双条曲线。卵馒头形，表面具纵横隆线。将孵化时卵顶呈现黑色小点。末龄幼虫黄褐色至黑褐色，体表粗糙，密布大小不等的黑色颗粒。腹部第一至八节背面各有4个毛片，后两个毛片明显大于前两个。臀板黄褐色，有两条明显的深褐色纵带。蛹红褐色或暗褐色，腹部第四至七节具有粗大刻点。腹末端有臀刺1对。

**发生规律**：小地老虎为迁飞性害虫，在我国从北到南1年发生1～7代，1月0℃等温线以北地区不能越冬。在河南每年发生4代，每年3—4月成虫从南方迁入，以第一代幼虫在4—5月为害最重，6月中旬为第一代成虫高峰期。成虫具趋光性、趋化性，卵散产于寄主植物、土块或枯草上。幼虫6龄，喜食玉米，尤喜取食麦套玉米苗，常将幼苗茎基部咬成孔洞或咬断，有时将咬断的幼苗拖走取食。四龄以上幼虫有转株为害的特性。在我国除岭南以南地区1年有2代为害农作物外，其余各地区均以发生最早的一代幼虫为害农作物最重。

**为害状**：一至三龄幼虫取食幼嫩叶片成孔洞，四龄后幼虫白天入土，夜间出土活动取食，咬断作物幼根、嫩茎，造成缺苗断垄或毁种。

**防治方法**：①种子处理。可用20%甲柳·福美双悬浮种衣剂以药种比1∶（40～50）或每100千克种子用35%吡虫·硫双威悬浮种衣剂1 400～1 800毫升进行包衣。②药剂防治。玉米出苗后，当被害株率达5%或百株虫量达2头时，每亩使用40%辛硫磷乳油300～350毫升，加3～5倍水，喷拌细土或细沙30千克制成毒土或毒沙，顺垄撒施于幼苗根际。发现幼虫为害时，每亩可用40%毒死蜱乳油150～180克对水灌根。

小地老虎幼虫及为害状　　受害玉米幼苗茎基部折断状（刘顺通供图）

## 二点委夜蛾

二点委夜蛾属鳞翅目夜蛾科，是我国麦收后免耕和贴茬播种玉米耕作方式下新发生的重要害虫，主要寄主有玉米、小麦、大豆和花生等农作物。另外，双委夜蛾（*Athetis dissimilis*）也是近些年为害玉米的新害虫，其与二点委夜蛾形态和为害习性相似，二者常混合发生。

**学名**：*Athetis lepigone*。

**形态特征**：成虫全身灰褐色。前翅有暗褐色细点，内、外横线暗褐色，环纹为暗褐色点，肾纹小，外侧中凹，有1个白点；外横线波浪形，翅外缘有1列黑点。后翅淡褐色，近端区暗褐色。卵馒头形，有纵脊，初产黄绿色，后渐变为土黄色。老熟幼虫灰黄色，头褐色。各体节均有1个倒V形的深褐色花纹，腹部有2条褐色背侧线，至胸节消失。蛹初化时淡黄褐色，后变红褐色，近羽化时黑褐色。

**发生规律**：二点委夜蛾在河南郑州每年发生4代，以老熟幼虫在玉米、大豆、棉花等作物田以及田间杂草中越冬。越冬代成虫发生期为4月上旬至5月下旬，一代成虫发生期在5月底至7月中旬，二代成虫发生期在7月中旬至8月中旬，三代成虫发生期在8月中旬至9月下旬。河北省4—5月为越冬代成虫发生期，6月至7月上旬为第一代成虫期，7月中旬至8月上旬为第二代成虫期，8月中旬至9月下旬为第三代成虫期。第一、二代虫量较大，具有明显的发生盛期，以第二代幼虫为害玉米苗最为严重，其余两代发生数量较少。

**为害状**：以幼虫钻蛀咬食玉米根和茎基部，导致植株心叶萎蔫，严重时造成植株倒伏、死亡。

**防治方法**：①农业防治。麦收后及时粉碎秸秆，翻耕、旋耕或灭茬，精耕细作；不施用未腐熟的厩肥；玉米田定期扶苗培土。②诱杀。利用诱虫灯诱杀成虫。③药剂防治。每100千克种子用40%溴酰·噻虫嗪种子处理悬浮剂300～600毫升，或48%溴氰虫酰胺种子处理悬浮剂120～240毫升拌种或包衣。发现玉米苗受害时，每亩用0.7%噻虫·氟氯氰颗粒剂1 500～3 000克拌细土撒施在茎基附近，或用200克/升氯虫苯甲酰胺悬浮剂7～10毫升或1%甲氨基阿维菌素苯甲酸盐水乳剂400～500毫升对水喷淋玉米茎基部。

二点委夜蛾成虫

二点委夜蛾幼虫（刘顺通供图）

二点委夜蛾幼虫及为害状

玉米受害幼苗心叶萎蔫状

## 耕葵粉蚧

耕葵粉蚧又称玉米耕葵粉蚧，属半翅目粉蚧科，主要寄主有小麦、玉米、谷子、狗尾草、牛筋草等禾本科作物和杂草以及莎草科的香附子。为局部发生害虫，一般年份为害不严重。

**学名**：*Trionymus agrestis*。

**形态特征**：雌成虫无翅，长椭圆形，体红褐色，全身覆盖白色蜡粉。复眼发达，喙较短，可见2节。腹脐1个，近圆形。肛环发达，有肛环孔和6根肛环刺。臀瓣刺发达。雄成虫有翅，体深黄褐色，口器退化，触角10节。卵长椭圆形，初产时橘黄色，后渐变为浅褐色。卵囊白色，棉絮状。若虫共2龄。二龄若虫体表覆盖白色蜡粉。

**发生规律**：在黄淮海地区每年发生3代，以卵在卵囊内越冬，卵囊多附着于寄主根茬上。4月下旬气温升至17℃左右时，越冬卵孵化。4月下旬至6月上旬第一代主要为害小麦。6月中旬至8月上旬第二代为害夏播玉米幼苗，也喜取食夏玉米田自生麦苗、香附子、狗尾草等杂草。8月上旬至9月中旬为害玉米、高粱，此时危害损失较小。9月中、下旬至10月上、中旬，雌虫产卵于田间寄主根茬上开始越冬。

**为害状**：成、若虫附着于玉米根茎部为害，受害幼苗地下种子根变黑，根尖腐烂，根茎变粗畸形，根系松散细弱。受害植株纤细类似缺水缺肥状，叶片干枯甚至死亡，严重时全株枯死。玉米成株期受害，只有部分叶片出现受害状，对产量影响不大。

**防治方法**：①农业防治。麦茬玉米出苗后适时灭茬，及时防除田间自生麦苗、狗尾草、香附子等杂草；玉米收获后深耕细耙，清除残茬。②药剂防治。一龄若虫高峰期或玉米6叶期以前，选用40%辛硫磷乳油、10%吡虫啉可湿性粉剂等1 000倍液，或每亩用1%甲氨基阿维菌素苯甲酸盐水乳剂330～500毫升对水喷雾，重点喷淋植株下部叶鞘和茎基部。

玉米根部的耕葵粉蚧成虫和若虫

耕葵粉蚧雌成虫（显微镜下背面和侧面观）

玉米根部的耕葵粉蚧卵块

玉米田根茬上的耕葵粉蚧卵块

耕葵粉蚧卵块（显微镜下）

香附子根部的耕葵粉蚧成虫和若虫

狗尾草根部的耕葵粉蚧成虫和若虫

自生麦苗根部的耕葵粉蚧成虫和若虫

玉米受害状

# （二）食叶害虫

食叶害虫是指以咀嚼方式为害植物叶片的害虫。这类害虫主要包括鳞翅目幼虫、鞘翅目成虫和（或）幼虫、直翅目成虫和若虫以及腹足纲柄眼目的蜗牛。在玉米田发生量大且为害严重的食叶害虫主要是甜菜夜蛾、黏虫、棉铃虫和玉米螟，双斑萤叶甲个别年份在局部地区发生较重，斜纹夜蛾在我国南方一些省份发生较重，雨水较多的年份蜗牛常造成严重危害。2019年世界性重大害虫草地贪夜蛾传入我国，除为害玉米叶片外，还为害玉米雌、雄穗。另外，玉米田还可见稻苞虫、灯蛾、毒蛾等鳞翅目害虫及蝗虫、蟋蟀等直翅目害虫为害。

食叶害虫一般食性广，除为害玉米外，还可为害其他多种农作物。这类害虫常在玉米叶面上活动，咬食叶片形成孔洞或缺刻，或啃食叶肉留下表皮，影响玉米生长发育，严重者造成玉米幼苗死亡。有的种类除为害叶片外，还在玉米生长中后期为害玉米雌、雄穗或茎秆而造成更大损失，如玉米螟、棉铃虫、高粱条螟、劳氏黏虫等，本书将这些害虫归入钻蛀性及穗部害虫进行介绍。

## 甜菜夜蛾

甜菜夜蛾属鳞翅目夜蛾科，为多食性害虫，是黄淮海夏玉米种植区玉米、棉花、大豆、花生、芦笋等作物上的重要害虫，环境条件适合发生年份对农作物造成严重危害。

**学名**：*Spodoptera exigua*。

**形态特征**：成虫体灰黑色。前翅中央近前缘外部有一肾形纹，其内侧有一环形纹，均为土黄色；前翅内、中、外3条横线均为黑色，亚缘线白色，外缘有1列黑色三角斑。卵馒头形，白色，卵块上覆白色绒毛。幼虫体色变化大，从绿色、暗绿色到黄褐色、褐色、黑褐色不等，体表光滑，背线有或无。腹部气门下线为明显的黄白色纵带，有时带粉红色，气门斜后上方具一明显白点。蛹黄褐色，中胸气门外突，臀棘上有刚毛2根，其腹面基部有2根极短刚毛。

**发生规律**：在陕西和北京每年发生4～5代，山东每年5代，湖北5～6代，江西6～7代，世代重叠严重。在河南、山东和江苏以蛹在土中越冬，江西、湖南除以蛹越冬外，少数幼虫在杂草和土缝中越冬。亚热带和热带地区可全年发生，无越冬休眠现象。该虫属间歇性暴发为害的害虫，年份间发生量差异较大，近年来呈上升趋势。夏玉米苗期受害最重。成虫趋光性和趋化性强，喜在长势良好的玉米植株上产卵。

**为害状**：在玉米上主要为害苗期的叶片。低龄幼虫群集于卵块周围啃食叶肉，留下表皮，随叶片伸展受害处破裂成孔洞；三龄后幼虫多集中于心叶丛中为害嫩叶成孔洞或缺刻。

**防治方法**：①诱杀。采用诱虫灯或性诱剂诱杀成虫。②药剂防治。播种前，每100千克种子可用40%溴酰·噻虫嗪种子处理悬浮剂300～600毫升或48%溴氰虫酰胺种子处理悬浮剂120～240毫升进行包衣。幼虫孵化至二龄盛期，每亩可用16 000国际单位/毫克苏云金杆菌可湿性粉剂50～100

克，或5%氯虫苯甲酰胺悬浮剂16 ~ 20毫升，或40%氯虫·噻虫嗪水分散粒剂10 ~ 12克对水30千克常规喷雾，或对水1千克进行无人机喷雾。

甜菜夜蛾成虫

甜菜夜蛾卵块和初孵幼虫（叶背面）

甜菜夜蛾幼虫

甜菜夜蛾蛹

甜菜夜蛾初孵幼虫及其为害状（左：叶背面，右：叶正面）

甜菜夜蛾低龄幼虫为害状

甜菜夜蛾高龄幼虫为害状

甜菜夜蛾不同体色幼虫及为害状

甜菜夜蛾幼虫被白僵菌寄生状

## 黏虫

黏虫又称东方黏虫，属鳞翅目夜蛾科，除为害玉米外，还取食近百种植物，最喜取食麦类、玉米、高粱、谷子、芦苇等禾本科作物和杂草。迁飞能力强，暴食性，属于我国一类农作物病虫害。除黏虫外，为害玉米的黏虫近缘种还有劳氏黏虫（*Mythimna loreyi*）、白脉黏虫（*M. venalba*）、谷黏虫（*Leucania zeae*）。在华北地区，近年来玉米生长中后期黏虫常与劳氏黏虫混合发生。

**学名**：*Mythimna separate*。

**形态特征**：成虫淡黄色或淡灰褐色。前翅中央近前缘有2个淡黄色圆斑，外侧的圆斑较大，其下方有1个小白点，白点两侧各有1个小黑点。由翅尖向斜后方有1条暗色条纹，外横线为1列小黑点。后翅暗褐色，翅基部色淡。卵粒馒头形，单层排列成行或堆积成块，常产于枯叶卷内或叶鞘缝中。幼虫体青绿色至深黑色，头部沿脱裂线两侧各有一棕褐色至黑褐色纵纹，呈"八"字形，颅侧区有黄褐色网状细纹。体色多变，背线白色较细，两侧伴有暗色细线。气门上线与亚背线之间橙色或深黄色，气门线与气门上线之间深黑色，气门线下沿至腹部上缘区橙黄色略带赤色。气门筛黑色。

**发生规律**：成虫具迁飞为害特性，在我国越冬北界大致在1月0℃等温线附近。河南每年发生3~4代，不能越冬。每年2—4月成虫从越冬区向北迁飞进入河南、山东南部地区，3—4月开始为害小麦，5月中旬至6月初第一代成虫羽化，迁飞进入山西、山东半岛、西北及东北三省，6—7月为害玉米、小麦、谷子等禾本科作物。7月上旬第二代成虫自北方迁飞进入河南、山西、山东及津、京地带，第三代幼虫为害玉米、高粱等作物，成虫羽化后大部分于8月底至9月上、中旬回迁至华南地区为害，仅有少部分能在河南完成第四代。

**为害状**：幼虫取食叶片呈缺刻状，为害严重时玉米心叶被咬断、叶片只剩主脉。

**防治方法**：①诱杀。每2 000米$^2$（30亩）设置一盏诱虫灯，在成虫发生期晚上开灯诱杀成虫。②药剂防治。当百株幼虫数量超过10头时，每亩可用5%高效氯氟氰菊酯水乳剂8～10毫升或200克/升氯虫苯甲酰胺悬浮剂10～15毫升等药剂，对水茎叶喷雾。

黏虫成虫

黏虫成虫吸食花蜜

黏虫卵块（室内饲养）

黏虫幼虫

黏虫幼虫头部特征

黏虫蛹

黏虫低龄幼虫为害状

黏虫高龄幼虫为害状

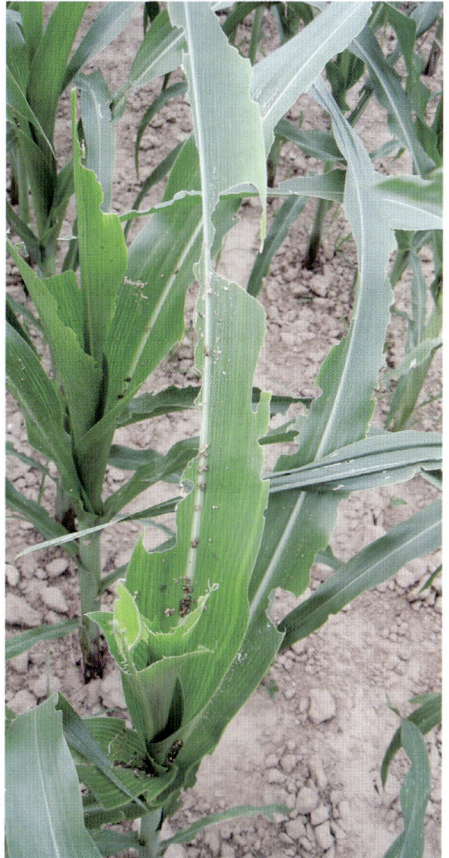

玉米受害状（刘顺通供图）

## 草地贪夜蛾

草地贪夜蛾属鳞翅目夜蛾科，俗称秋黏虫，寄主植物多达350多种。草地贪夜蛾生态适应性强、寄主广，为迁飞性、暴食性害虫，根据寄主不同可分为玉米品系和水稻品系。2019年草地贪夜蛾玉米品系从境外迁入我国，主要为害玉米，后来发现还为害高粱、小麦、甘蔗、马铃薯、薏苡、甘蓝等作物，但以为害玉米最为严重，属于我国一类农作物病虫害。

**学名**：*Spodoptera frugiperda*。

**形态特征**：成虫翅展32～40毫米。雌蛾前翅灰色至灰棕色，中部有一黄色不规则环状纹，肾状纹褐色，轮廓线黄褐色；后翅灰白色。雄蛾前翅深棕色，前缘近中部有明显的灰色尾状纹，顶角有一灰白色大斑。卵圆顶形，顶部具明显圆形点，一般100～200粒堆积成块，其上覆有鳞毛，初产时浅绿或白色，孵化前为棕色。幼虫共6龄。三龄以后的幼虫腹末节有呈正方形排列的4个黑色毛瘤。四龄以上幼虫头部具白色或黄色倒Y形斑。背中线黄色，其两侧各有1条黄色纵条纹，条纹外侧分别是黑色、黄色纵条纹。蛹长14～18毫米，椭圆形，红棕色。

**发生规律**：草地贪夜蛾为迁飞性害虫，在我国各地发生代数不一。条件适宜时，30天左右完成1代。春季与秋季一般60天完成1代，气候温暖地区可常年繁殖。11～30℃下均可完成生长发育，最适发育温度为24～30℃。成虫具有趋光性和趋化性，迁飞能力强，可在几百米的高空借助风力进行远距离迁飞。雌成虫可多次交配和产卵，卵块产于玉米叶片正、反面或雌穗上，卵块上覆盖淡黄色绒毛。一生产卵900～1 000粒。幼虫6龄，四龄后幼虫具有暴食性和自相残杀习性。老熟幼虫可在为害处化蛹，也可入土化蛹。

**为害状**：幼虫从玉米苗期一直到穗期都可为害，最喜为害苗期玉米。玉米苗期，一至三龄幼虫多在叶片背面啃食叶肉留下表皮，受害叶片呈密密麻麻大小不一的半透明薄膜状"窗孔"。四至六龄幼虫食量大，取食叶片形成不规则状的孔洞或缺刻，严重时可将整株玉米的叶片吃光，影响果穗正常发育。幼虫喜在心叶内取食心叶，咬断玉米植株生长点，严重者导致整株死亡。玉米抽穗后，幼虫钻蛀雌穗取食籽粒，喜在穗顶端取食，排泄的粪便堆积在被害处，易造成雌穗霉烂和诱发穗腐病。

**防治方法**：① 诱杀。每亩放置2个性诱剂诱捕器诱杀成虫。或设置诱虫灯诱杀成虫。② 药剂防治。低龄幼虫发生期，每亩用8 000国际单位/毫升苏云金杆菌悬浮剂400 ~ 600毫升，或1%苦参·印楝素乳油60 ~ 80毫升，或200克/升氯虫苯甲酰胺悬浮剂12 ~ 15毫升，或25%乙基多杀菌素水分散粒剂8 ~ 12克，或5%甲氨基阿维菌素苯甲酸盐微乳剂2 ~ 3毫升，对水喷雾。

草地贪夜蛾雌成虫

草地贪夜蛾雄成虫

草地贪夜蛾卵块

草地贪夜蛾幼虫

草地贪夜蛾蛹

草地贪夜蛾初孵幼虫为害状

草地贪夜蛾高龄幼虫为害状

草地贪夜蛾高龄幼虫为害玉米心叶

草地贪夜蛾幼虫为害灌浆期的雌穗

草地贪夜蛾幼虫钻蛀玉米穗轴

草地贪夜蛾幼虫为害成熟期的雌穗

草地贪夜蛾幼虫钻蛀玉米茎秆

被白僵菌寄生的草地贪夜
蛾幼虫（刘顺通供图）

被绿僵菌寄生的草地贪夜
蛾幼虫

感染昆虫病毒死亡的草
地贪夜蛾幼虫（身体倒挂）

## 斜纹夜蛾

斜纹夜蛾属鳞翅目夜蛾科，寄主植物近300种，主要为害棉花、烟草、花生及薯类、豆类、瓜类等农作物和十字花科蔬菜，大发生时也为害玉米。为迁飞性害虫，黄淮海玉米种植区发生程度年度间差别很大。

**学名**：*Spodoptera litura*。

**形态特征**：成虫暗褐色，胸部背面有白色毛丛。前翅灰褐色，自前缘中央到后缘有一灰白色宽带状斜纹，雄蛾的斜纹较粗，雌蛾的斜纹内有两条褐色纹。宽带状斜纹与外横线上2/3处为青灰色，并带铝色闪光，后翅有紫色反光。卵半球形，数十至上百粒集成卵块，卵块表面覆黄白色绒毛。幼虫密度大时体暗褐色，密度小时灰绿色。背线和亚背线橘黄色，沿亚背线上缘每节两侧各有1个半月形或三角形黑斑，以腹部第一节和第八节的最大，中、后胸半月形黑斑的下方还有橘黄色圆点。

**发生规律**：斜纹夜蛾为迁飞性害虫，发生代数自北向南逐渐增加。在黄河流域1年发生4～5代，以8—9月发生量较大。成虫具有趋光性和趋化性，卵多块产于高大茂盛的植物叶背。幼虫共6龄，初孵幼虫群集为害，二龄后分散取食，四龄后进入暴食期，暴发为害时可吃尽大面积寄主植物叶片，并成群迁徙他处为害。

**为害状**：初孵幼虫群集于卵块附近啃食叶肉，二龄后吐丝分散为害，

白天潜伏在老叶、土块或玉米心叶等背光处，晚上取食活动。四龄后食量大增，发生量大时可在几天内将整株叶片吃光并咬食玉米籽粒，造成严重损失。

**防治方法**：主要采用药剂防治，防治适期为二龄幼虫盛发期，防治药剂参见"黏虫"和"甜菜夜蛾"。

斜纹夜蛾成虫（李为争供图）

斜纹夜蛾幼虫及为害状（叶片孔洞）

斜纹夜蛾幼虫及为害状（刘顺通供图）

## 隐纹谷弄蝶

隐纹谷弄蝶属鳞翅目弄蝶科，幼虫俗称稻苞虫，主要为害水稻，也可为害玉米、高粱等作物。在玉米田还可见直纹稻弄蝶（*Parnara guttata*）幼虫取食叶片。这类害虫在玉米田零星发生，一般年份为害很轻。

**学名**：*Pelopidas mathias*。

**形态特征**：成虫体、翅黑褐色，有黄绿色鳞片。前翅有8个半透明白斑，排成半环形。后翅背面有2～7个斑纹，排列成弧形，正面无斑纹（故名隐纹谷弄蝶。直纹稻弄蝶后翅背面4个白斑排成直线）。卵乳白色略带绿色，半圆球形。老熟幼虫嫩绿色，头部淡黄绿色，两侧有明显的"八"字形红褐色纹（直纹稻弄蝶头正面中央有"山"字形褐色斑纹，前胸背板有1条深褐色横纹）。体表光滑，气门下线乳白色与亚背线近平行。蛹淡绿色，背线深绿色。头顶尖，向前伸直。

**发生规律**：以幼虫在寄主植物上结苞越冬。在浙江地区越冬幼虫6月化蛹羽化，7月上旬、8月上旬和9月下旬分别为第一、二、三代的发生期。江西在6月上旬出现第一代幼虫，6月中、下旬化蛹羽化。在河南玉米田7—8月可见幼虫，但为害很轻。卵散产于玉米叶片上，幼虫孵化后咬食叶片，三龄前食量不大，吐丝缀苞取食叶片，四、五龄食量激增，进入暴食期，取食叶片形成大的缺刻。老熟幼虫在叶片上化蛹。

**为害状**：幼虫吐丝结叶成苞，在苞内取食叶片成缺刻。

**防治方法**：一般年份隐纹谷弄蝶在玉米田发生量很少，不需要单独防治。发生量大时，可参照防治甜菜夜蛾的药剂喷雾防治。

隐纹谷弄蝶成虫

隐纹谷弄蝶卵

隐纹谷弄蝶幼虫

隐纹谷弄蝶蛹

隐纹谷弄蝶幼虫吐丝缀叶为害状

叶苞中的隐纹谷弄蝶幼虫

直纹稻弄蝶成虫（汤清波供图）

直纹稻弄蝶幼虫

## 飞蝗

　　飞蝗属直翅目斑翅蝗科，取食禾本科与莎草科植物，嗜食芦苇，其次是玉米、高粱、小麦、水稻等农作物，属于我国一类农作物病虫害。飞蝗是我国历史上为害最重的蝗虫，具有固定的滋生地，有群居型和散居型两个生物型，群居型成虫可远距离迁飞为害农作物。新中国成立后，通过实施"改治并举，根除蝗害"的治蝗方针，有效改造了适合其发生繁殖的生态条件，从源头上控制了蝗虫灾害。

**学名**：*Locusta migratoria*。

**形态特征**：成虫体黄褐色或绿色。触角丝状，长度刚超过前胸背板后缘。前胸背板发达，前翅褐色，具较多暗色斑，后翅无色透明。后足腿节内侧基半部黑色，近端部有黑环，胫节红色。群居型成虫头顶高于前胸背板，前胸背板马鞍形，中隆线平直，前翅长出腹部较多；散居型成虫头顶低于前胸背板，前胸背板中隆线突起，从侧面看略呈弓形。卵粒长茄形，卵囊长筒形，每个卵囊含卵50～80粒，斜排成4行。若虫共5龄。二龄翅芽初现，翅尖向下。三龄翅芽明显，后翅芽明显大于前翅芽，翅尖向后下方。四龄翅芽翻向体背，翅尖向后，后翅芽覆盖前翅芽。五龄翅芽长达腹部第四或第五节。

**发生规律**：每年可发生1～4代，均以卵（卵囊）在土中越冬。黄淮海地区每年发生2代，越冬卵于4月底至5月上中旬孵化（称为夏蝻），6月初进入三龄盛期，6月中下旬成虫羽化，卵产于土壤中，7月中旬至8月中旬若虫孵化出土（称为秋蝻），8月上中旬为三龄盛期，9月成虫（秋蝗）产越冬卵。成虫多在植被覆盖率50%～75%、含盐量1.2%～1.5%的未开垦的向阳面土壤中产卵。单雌产卵囊4～5块，平均每块有卵65粒左右，一生产卵300～400粒。

**为害状**：成虫、若虫（蝻）咬食寄主植物叶片、嫩茎和幼穗，轻则造成叶片缺刻，重则将作物吃成光秆。大发生时所到之处一扫而光，不见绿色。

**防治方法**：①农业防治。兴修水利，做到旱能浇、涝能排；精耕细作，铲除农田杂草；垦荒种植，种植蝗虫不喜取食的作物，如棉花、大豆、薯类、芝麻、苜蓿等；蝗区进行农林牧综合开发，提高植被覆盖度，减少蝗区面积。②药剂防治。蝗蝻孵化出土盛期至三龄前，密度达到每平方米0.5头时，每亩选用1%苦参·印楝素乳油60～80毫升，或0.4亿孢子/毫升蝗虫微孢子虫悬浮剂35～40毫升，或40%马拉硫磷乳油65～90毫升，或4.5%高效氯氰菊酯乳油40～60毫升等，进行地面低容量喷雾或超低容量喷雾。③毒饵诱杀。在植被稀疏地，可用麦麸（或米糠、玉米糁、高粱糁等）100份、清水100份、90%晶体敌百虫1.5份混合制成毒饵，或将蝗虫微孢子虫制成$1\times10^{12}$个孢子/千克的麦麸毒饵，于二龄蝗蝻期撒施诱杀。

飞蝗成虫（吕国强供图）

土壤中的飞蝗卵囊（纵切面）（吕国强供图）

飞蝗卵囊（邢彩云供图）

群居型飞蝗蝗蝻（吕国强供图）

散居型飞蝗蝗蝻（吕国强供图）

散居型飞蝗蝗蝻（邢彩云供图）

飞蝗大发生时玉米受害状（吕国强供图）

## 花胫绿纹蝗

花胫绿纹蝗属直翅目斑翅蝗科，为农田常见土蝗，主要为害玉米、高粱、谷子和小麦等禾本科作物。在玉米田一般发生量较小。

**学名**：*Aiolopus tamulus*。

**形态特征**：成虫体瘦长，暗褐至黄褐色，色彩鲜明。头的侧面在复眼下常有绿斑。前胸背板中央具淡色纵条纹，两侧有褐色纵条纹，从背面观褐色纵条纹呈X形。前翅狭长，有黑色大斑，基部近前缘处有鲜绿色纵纹。后足腿节内侧有2个黑斑，后足胫节基部1/3黄色，中部蓝黑色，顶端鲜红色。

**发生规律**：在山东1年发生2代。以卵在土中越冬。越冬代蝗蝻4月下旬至5月上旬孵化出土，6月上旬成虫羽化，6月下旬交尾、产卵。第一代蝗蝻7月上、中旬孵化出土，7月下旬至8上旬成虫羽化，8月下旬至9月上旬交尾、产卵，产卵期可持续至10月下旬。成虫趋光性较强，喜产卵于植株附近、背风向阳、土质较潮湿的土壤中，每雌产卵2～4块，每块有卵10～35粒。地势低洼、潮湿的地方发生重。

花胫绿纹蝗成虫

**为害状**：以成、若虫咬食玉米叶片成缺刻，为害严重时影响植株生长发育。

**防治方法**：一般年份无须单独防治。发生量大、为害严重时，每亩可用70%马拉硫磷乳油50～70毫升超低容量喷雾，或20%氰戊菊酯乳油20～30毫升，或1.8%阿维菌素乳油16～20毫升，或40%辛硫磷乳油50～60毫升对水喷雾。

## 短额负蝗

短额负蝗属直翅目锥头蝗科，为农田常见土蝗，食性杂，若虫和成虫几乎可取食所有的作物和杂草。在玉米田种群数量一般很小，常年为害很轻。

**学名**：*Atractomorpha sinensis*。

**形态特征**：成虫体绿色至黄褐色。头长锥形，短于前胸背板。颜面与头顶呈锐角，触角剑状。前胸背板背面稍平，中隆线较细，前胸背板侧片后缘有环形膜区。头部至中胸背板两侧具粉红色线1条和淡黄色疣突1列。前翅尖削，翅长超过后足腿节末端。后翅基部红色，端部淡绿色。后足腿节外侧下方常具1条粉红色线。

**发生规律**：在东北1年发生1代，华北1～2代，以卵在荒地、沟渠土中越冬。8月上、中旬在东北地区可见大量成虫。在华北7—8月出现大量成虫。山东北部地区，1年发生2代，5月下旬越冬卵孵化出土，阴雨及低温天气不孵化出土。成虫善跳跃，只能近距离飞行，喜在植被密、湿度大的环境中栖息。

**为害状**：成、若虫取食叶片造成缺刻和孔洞，严重时可食光所有的叶片。

**防治方法**：①农业防治。清除田埂、地边的杂草，冬季深耕晒垡，破坏越冬卵的生存环境，减少越冬虫源。②药剂防治。蝗蝻孵化出土至三龄前，可选用1.8%阿维菌素乳油2 000 ~ 4 000倍液，或0.5%苦参碱水剂500 ~ 1 000倍液，或5%氟虫脲悬浮剂1 000 ~ 1 500倍液，或2.5%溴氰菊酯乳油4 000倍液，或20%氰戊菊酯乳油3 000倍液等喷雾防治。

短额负蝗成虫

短额负蝗若虫

## 双斑长跗萤叶甲

双斑长跗萤叶甲属鞘翅目叶甲科，为局部地区发生害虫，寄主植物包括禾本科、十字花科、锦葵科植物等，主要取食玉米、高粱、谷子等农作物。

**学名**：*Monolepta hieroglyphica*。

**形态特征**：成虫体长卵形，棕黄色，有光泽。前胸背板宽大于长，表面密布细小刻点。鞘翅淡黄色，两鞘翅末端合拢时呈圆形。每个鞘翅基半部有近圆形淡色斑1个，四周有黑色带纹，有些带纹不清晰或者消失。后足胫节端部有1个长刺。

**发生规律**：在北方1年发生1代，以卵在0 ~ 15厘米深的土中越冬。4月下旬越冬卵孵化，幼虫在土壤中取食寄主根部，5月底至6月初成虫陆续羽化出土，取食玉米、高粱、谷子等农作物叶片或嫩穗，6—8月达到为害高峰期。玉米等作物收获后转移至蔬菜上取食为害。10月后极少在田间见到成虫。夏季高温干旱有利于成虫发生，与其他作物间作套种或田间地头杂草多的玉米田发生为害较重。

**为害状**：成虫取食叶肉，残留杂乱的白色网斑和孔洞，严重时仅残留叶脉，造成植株生长发育不良；取食玉米花丝和籽粒，受害籽粒缺口易诱

双斑长跗萤叶甲成虫

发穗腐病和霉烂。幼虫在土壤中取食植物根系，食量小，一般不会造成明显危害。

**防治方法**：①农业防治。玉米收获后深耕灭茬，减少越冬虫源。②药剂防治。玉米苗期虫量达每百株30头，抽雄吐丝期达每百株300头或被害株率达30%时。每亩可用40%辛硫磷乳油75 ~ 100克，或4.5%高效氯氰菊酯乳油20 ~ 40毫升，或25%噻虫嗪可湿性粉剂3 ~ 4克等，对水喷雾。

## 条华蜗牛

条华蜗牛属软体动物门腹足纲柄眼目巴蜗牛科，食性杂。

**学名**：*Cathaica fasciola*。

**形态特征**：成贝贝壳高10 mm，宽16 mm，壳质略厚，坚硬，无光泽，呈低圆锥形，具5 ~ 5.5个螺层。体螺层膨大，底部略平坦，其周缘环绕1条淡红褐色色带。壳顶尖，缝合线显著。壳面黄褐色或黄色，生长线明显，螺纹较粗。壳口椭圆形或方形，口缘完整。轴缘外折，稍遮盖脐孔。脐孔洞穴状。

**发生规律**：常生活在丘陵山坡、田埂边、公园、牲畜棚圈、温室、菜窖附近潮湿的草丛或灌木丛中的石块下或缝隙中，为我国北方地区常见蜗牛种类，也是粮食作物、蔬菜、果树等作物上的重要害虫，可为害玉米、油菜、大豆、烟草、棉花、麻类、麦类、苹果、玫瑰等植物。黄淮海夏玉米种植区一般年份发生量少、为害轻，夏、秋季多雨年份发生量较大，常造成较大损失。

**为害状**：成、幼贝刮食玉米等寄主植物的叶片叶肉，在叶片上形成白色条斑，条斑随叶片伸展而破裂；取食灌浆期的玉米雌穗顶部籽粒和幼嫩苞叶，造成减产。

**防治方法**：①农业防治。清除田间地头的杂草，排除积水，秋收后深耕，压低虫口基数。②阻隔。在农田周围撒布10厘米宽的石灰带，阻止蜗牛进入农田。③诱杀。将新鲜的杂草或菜叶切碎，傍晚成堆撒布于农田周围引诱蜗牛取食，翌日早上集中处理。④药剂防治。每亩用6%四聚乙醛颗粒剂500～650克，或6%聚醛·甲萘威颗粒剂600～750克，拌细干土15～20千克，地面撒施，间隔7～10天再撒一次。玉米植株较大时，每亩用80%四聚乙醛可湿性粉剂45～60克，或74%速灭·硫酸铜可湿性粉剂280～330克，对水50千克进行喷雾。

条华蜗牛成贝

条华蜗牛及其分泌的黏液

玉米花丝受害状

玉米叶片受害状

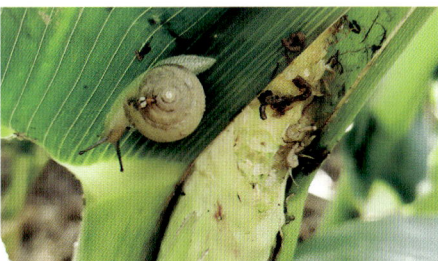

玉米雌穗受害状

## （三）吸食性害虫

吸食性害虫是指以刺吸式口器或锉吸式口器吸食寄主植物叶片、茎秆及花、果汁液的害虫。这类害虫主要包括半翅目的蚜虫、飞虱、沫蝉和蜷类等，缨翅目的蓟马以及蛛形纲蜱螨目的一些叶螨。在玉米田为害严重的吸食性害虫主要是玉米蚜、灰飞虱和禾蓟马，个别年份赤斑黑沫蝉可在局部地区造成为害，绿盲蝽、条赤须盲蝽等蝽类害虫种类较多但发生量小，一般年份为害较轻。

这类害虫不仅能吸食玉米植株汁液，造成受害处失绿、发黄、心叶扭曲等，有的害虫如玉米蚜还能分泌蜜露污染叶片和诱发煤污病而影响光合作用，有的害虫如灰飞虱还能传播玉米粗缩病病毒而造成更大危害。

### 禾蓟马

禾蓟马属缨翅目蓟马科，主要寄主为玉米、水稻、麦类、高粱等禾本科植物。为害玉米的蓟马还有黄呆蓟马（*Anaphothrips obscurus*）。蓟马主要在苗期为害，玉米出苗后干旱少雨则为害加重。

**学名**：*Frankliniella tenuicornis*。

**形态特征**：成虫体微小，长1.3～1.5毫米，灰褐至黑褐色。触角8节，第三节长为宽的3倍；第三、四节黄色，节上感觉锥叉状。头长于前胸，两颊平行。单眼间鬃位于3个单眼三角形连线外缘。前胸前角和前缘近中线各有1对长鬃，后角有2对长鬃。前翅有前脉鬃19～22根，后脉鬃14～17根。腹部背片第八节后缘梳不完整。

**发生规律**：每年发生10代左右，以成虫在禾本科作物及杂草茎基部和枯叶内越冬。在玉米田主要为害玉米幼苗。发育最适温度为20～26℃。成虫善跳，多在心叶中活动、取食，喜在生长旺盛的植株上为害。

**为害状**：成、若虫主要在玉米幼苗心叶内取食活动，造成心叶扭曲而不能正常展开；也在叶片正面取食，受害叶片呈现成片的银灰色斑。为害严重时造成大量幼苗死亡。

**防治方法**：①农业防治。及时清除田间杂草，减少越冬虫源。加强田间管理，促进玉米幼苗早发快长，减轻为害。实施轮作，适时播种，避开成虫高峰期。②药剂防治。每100千克种子用40%溴酰·噻虫嗪种子处理悬浮剂300～450毫升，或20%福·克悬浮种衣剂按药种比1∶40拌种。未拌种玉米田出苗后，虫株率达10%时，每亩可用30%吡虫啉微乳剂5～7毫升对水喷雾，可兼治灰飞虱。

禾蓟马成虫

玉米幼苗受害状（叶片扭曲）

玉米幼苗受害状（心叶破裂）

## 玉米蚜

玉米蚜属半翅目蚜科，可为害玉米、水稻、高粱、谷子、稗、麦类等多种禾本科植物。为害玉米的蚜虫还有棉蚜（*Aphis gossypii*）、禾谷缢管蚜（*Rhopalosiphum padi*）、高粱蚜（*Melanaphis sacchari*）。以玉米蚜发生比较普遍。

**学名**：*Rhopalosiphum maidis*。

**形态特征**：有翅胎生雌蚜体深绿色或墨绿色，头部黑色稍亮，复眼暗红褐色。触角较长，为体长的1/2，额瘤发达粗糙，腹管圆筒形。前翅中脉分叉。无翅胎生雌蚜体灰绿至墨绿色，头及附肢黑色，薄被白粉。与有翅蚜不同的是其腹部呈暗红色，触角较短，约为体长的2/5。腹管长圆筒形，端部稍缢缩，基部周围略带红褐色。

**发生规律**：在黄淮海地区1年发生20代左右，以成蚜和若蚜在小麦、狗尾草、马唐等禾本科植物的根际、心叶和叶鞘中越冬。在河南，3—4月玉米蚜在小麦等寄主作物上繁殖为害，5月产生有翅蚜迁入春玉米田为害心叶，7月上旬迁入夏玉米田，7月中、下旬夏玉米大喇叭口末期发生数量开始增加，抽雄扬花期至灌浆期为发生高峰期，严重时雄穗无法散粉，上部叶片及雌穗苞叶上布满蚜虫。9月中、下旬随玉米植株衰老和籽粒成熟，有翅蚜迁向其他寄主为害，10月迁向越冬寄主开始越冬。7—8月高温干旱为害加重，但不同玉米品种间发生程度差异较大，早熟品种一般受害较轻，甜玉米、糯玉米和饲用玉米受害较重。

玉米蚜无翅胎生雌蚜

**为害状**：成、若蚜在玉米心叶、雄穗、叶鞘、雌穗苞叶上聚集为害，刺吸汁液。受害叶片变黄或发红。玉米雄穗抽出后成、若蚜喜聚集于雄穗和上部1～5片叶上为害，严重时蜜露黏附花粉使雄穗无法散粉。雌穗抽出后玉米蚜群集于苞叶上取食，影响灌浆。蚜虫取食时分泌蜜露，诱发煤污病，影响植物光合作用。

**防治方法**：①农业防治。清除田间、地边、沟渠边等场所的杂草，减少滋生场所。②药剂防治。每100千克种子可用11%戊唑·吡虫啉悬浮种衣剂1 818 ～ 2 181克，或35%噻虫嗪悬浮种衣剂400 ～ 600毫升进行包衣。玉米生长期，百株蚜量达5 000头或有蚜株率30%以上时，可选用吡虫啉、噻虫嗪、高效氯氰菊酯等杀虫剂对水喷雾。

玉米蚜为害玉米心叶（刘顺通供图）

玉米蚜为害叶片（赵曼供图）

玉米蚜为害雌穗（苞叶内）（赵曼供图）

玉米蚜为害雌穗（赵曼供图）

玉米蚜为害雄穗（刘顺通供图）

棉蚜在叶片上群集为害（赵曼供图）

## 灰飞虱

　　灰飞虱属半翅目飞虱科，可为害水稻、大麦、小麦、玉米、甘蔗、高粱、看麦娘、稗草等多种植物。除刺吸玉米植株汁液外，灰飞虱还是玉米粗缩病的传播介体，以玉米苗期为害最重。

　　**学名**：*Laodelphax striatellus*。

　　**形态特征**：成虫有长翅和短翅两型。雌虫黄褐色，雄虫黑色。头部、额顶均为黑褐色。雄虫小盾片黑色，少数个体小盾片中央有1条细长淡色纵带。雌虫小盾片淡黄色或土黄色，两侧有半月形的褐色或黑褐色斑。后足第一跗节下面无刺突（有别于褐飞虱）。卵香蕉形，产于叶鞘和叶片组织内。若虫共5龄。一龄若虫黄白色，腹部背面有一倒凸形浅色斑纹，后胸明显长于前、中胸，无翅芽。五龄若虫前翅芽尖端达腹部第三、四节，接近或超过后翅芽。

　　**发生规律**：在我国每年发生4～8代，从北到南发生代数逐渐增加。华北1年发生4～5代，主要以三、四龄若虫在麦田、绿肥田及禾本科杂草茎基部缝隙中越冬。冬季气温高于5℃时，越冬若虫能爬到寄主上取食，气温回升到12℃以上时，越冬若虫达到羽化高峰。卵产于植株叶鞘和叶片组织内。第一代若虫主要为害小麦，5月下旬至6月中旬成虫羽化，迁入水稻、玉米田为害。在玉米苗期为害最为严重，并传播玉米粗缩病等病毒病。

**为害状**：成、若虫刺吸为害玉米幼苗叶片，影响幼苗生长发育。传播玉米粗缩病病毒，致使玉米植株矮化，严重者不能正常抽穗结实。

**防治方法**：①农业防治。清除田间、地边的杂草。加强栽培管理，重施基肥，早追肥，防止禾苗贪青徒长，提高植株抗性。②药剂防治。每100千克种子用70%噻虫嗪种子处理可分散粉剂200～300克，或10%戊唑·噻虫嗪悬浮种衣剂1 430～2 000克进行拌种或包衣。玉米出苗后至5叶期，喷施10%吡虫啉可湿性粉剂等杀虫剂。

灰飞虱雌成虫

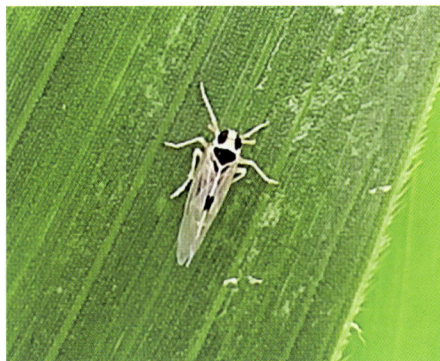

灰飞虱雄成虫

## 赤斑黑沫蝉

赤斑黑沫蝉属半翅目沫蝉科，可为害玉米、水稻、高粱、甘蔗及禾本科杂草，为局部发生害虫。

**学名**：*Callitettix versicolor*。

**形态特征**：成虫体黑色有光泽，前胸背板中后部隆起，前翅合拢时两侧近平行。前翅黑色，基部有2个斜排的大白斑。雌虫前翅中间有一小红斑，翅端部有一大红斑，雄虫仅翅端部有1个大红斑。卵椭圆形，淡黄色。若虫共5龄，体似成虫，常被泡沫状液覆盖。

**发生规律**：每年发生1代，以卵在土壤中或泥地缝隙中越冬。在湖南翌年5月上旬开始孵化，若虫在土壤中刺吸植物根部汁液，二龄后向上转移，6月中旬种群数量上升，7月上、中旬达到为害盛期。7月中旬至8月中旬雌虫开始产卵，单雌产卵量约200粒。在河南洛阳8月中、下旬为成虫为害高峰期，9月以后虫量减少，10月中、下旬基本消失。

**为害状**：成、若虫刺吸玉米叶片汁液，被害叶片呈现隐约可见的淡黄色小斑，后斑点扩大，形成黄白色条纹。随着为害加重和气温升高，条斑先从中间枯死，严重时整株叶片枯黄死亡。

**防治方法**：①农业防治。铲除田埂、地边的杂草，破坏产卵越冬场所。

赤斑黑沫蝉成虫

②药剂防治。若虫孵化期，可用3%辛硫磷颗粒剂拌细土，撒施于地表和田埂上。初见成虫为害时，每亩可用20%甲维·毒死蜱乳油67～133毫升，或5%高效氯氟氰菊酯水乳剂8～10毫升，对水喷雾，以上午9时以前或下午5时以后施药最佳。喷药时，从玉米田四周向中心喷洒，同时注意在玉米田邻作的水稻、大豆、甘薯等寄主作物和田边杂草上喷药防治。

## 斑衣蜡蝉

斑衣蜡蝉属半翅目蜡蝉科，主要为害葡萄、臭椿、苦楝等植物，成虫也可转移至玉米田为害玉米，为玉米田偶发性害虫。

**学名**：*Lycorma delicatula*。

**形态特征**：成虫体灰黄相间，翅表被白色蜡粉。触角红色，刚毛状。腹部背面各节有黑斑。前翅基部2/3淡灰褐色，散布20多个黑色斑点，个体间差异较大，端部1/3烟黑色，脉纹灰白色。后翅基部1/3鲜红色，散布6～10个黑褐色斑点，中间有蓝白色横带，端部1/3处黑色。卵聚产，单层平行排列成行，呈不规则块状，表面被有一层灰色似泥土的蜡质分泌物。若虫头尖、体扁、足长，弹跳敏捷。各龄若虫体壁均覆有蜡质。四龄若虫体背红色，体表有黑色斑纹和白色斑点，翅芽明显。

**发生规律**：每年发生1代，以卵在树木枝干、树杈、枝条或附近作物上越冬。越冬卵第二年4月下旬开始孵化，5月上旬达孵化盛期。若虫有群集性，7月中旬羽化为成虫。8月下旬至10月中旬开始产卵，9月下旬至10月上旬达产卵盛期。10月中、下旬成虫逐渐死亡。在玉米田7—8月可见成虫，但发生量很小。

**为害状**：以成、若虫群集于寄主植物叶背、嫩梢上刺吸为害，栖息时头翘起，有时十余头群集于新梢，排成一直线。受害植株易并发煤污病，或萎缩、畸形等，生长发育受阻。

**防治方法**：①农业防治。及时防治玉米田周围臭椿、葡萄、苦楝、花椒等植物上的斑衣蜡蝉，以防止成虫转移为害玉米。②药剂防治。若虫发生期，可采用10%吡虫啉可湿性粉剂2 000～3 000倍液或2.5%高效氯氰菊酯1 000倍液喷雾防治。

斑衣蜡蝉成虫

斑衣蜡蝉二龄若虫

斑衣蜡蝉四龄若虫

## 缘纹广翅蜡蝉

缘纹广翅蜡蝉属半翅目蜡蝉科，主要为害一些灌木枝条，也可为害香樟、柑橘等树木，偶见若虫刺吸玉米汁液。

**学名**：*Ricania marginalis*。

**形态特征**：成虫前翅褐色，前缘有1个三角形透明斑，外缘有2个不规则透明斑，翅面散布白色蜡粉。后翅黑褐色，半透明。足淡褐色，密布黑色小斑点。若虫体灰色，扁平，腹背有许多直立而左右对称的白色蜡柱。

**发生规律**：在北京1年发生1代，江苏1~2代，以卵在嫩梢内越冬，南方少数以成虫越冬。春季越冬卵孵化，若虫刺吸植株芽梢汁液并分泌蜡丝，腹末蜡柱能做褶扁状开张，善跳，常群集排列在寄主枝条上为害。成虫发生于6、7月间，善跳，静止时翅覆于体背呈屋脊状。成虫产卵于枝条嫩梢皮层内，可致芽梢死亡。

缘纹广翅蜡蝉若虫

**为害状**：偶见若虫刺吸玉米茎秆、叶片和穗部汁液，为害状不明显。

**防治方法**：玉米田一般无须防治。

## 条赤须盲蝽

条赤须盲蝽属半翅目盲蝽科，为多食性害虫，可取食玉米、小麦、谷子、高粱、棉花、苜蓿、枸杞等多种植物和禾本科杂草，近年来在夏玉米田发生量有增加趋势，但总体发生量较小、为害较轻。在玉米田发生的还有赤须盲蝽（*Trigonotylus ruficornis*），为条赤须盲蝽的近缘种，两者的为害习性相似。

**学名**：*Trigonotylus coelestialium*。

**形态特征**：成虫绿色。头平伸，呈三角形，头顶中央有一褐色纵沟。复眼黑色，圆形，向两侧明显突出。触角4节，红色，细长，约与体等长，第一节粗短，具4条清晰可见的深红色纵纹。喙4节，向后伸达后足基节处，第四节端部黑色。前胸背板梯形，具3条淡褐色纵纹。前翅革质部与体色相同，膜质部透明略带金属光泽，后翅透明。足黄绿色，胫节末端、跗节及爪黑色。卵长圆筒形，稍弯。若虫共5龄。与赤须盲蝽的显著区别是其五龄若虫和成虫触角第一节有4条清晰可见的深红色纵纹。

**发生规律**：华北地区每年发生3代，以卵在寄主植物组织中越冬。翌年5月上旬进入孵化盛期，5月中、下旬羽化为成虫。6月中旬第二代若虫进入盛发期，下旬羽化为成虫。7月中、下旬第三代若虫进入盛发期。8月下旬至9月上旬雌虫开始在杂草茎叶组织内产卵越冬。有世代重叠现象，在玉米田从玉米苗期至灌浆期均可见成、若虫取食活动。成虫白天活跃，夜间或阴雨天气时多隐藏于植株中、下部叶背面。卵块产于寄主植物组织内。

**为害状**：成、若虫刺吸玉米叶片汁液，受害叶片先出现淡黄色小斑点，后成白色，为害严重时玉米叶片如落了一层雪花，导致叶片逐渐失水而从叶顶端向内纵向卷曲。心叶受害后，叶片展开时出现孔洞或破叶。受害玉米植株生长缓慢、矮小，严重者枯死。

**防治方法**：①农业防治。及时清除田间杂草及枯枝落叶，减少越冬卵。②药剂防治。若虫发生期，选用4.5%高效氯氰菊酯乳油1 000倍液加10%吡虫啉可湿性粉剂1 000倍液，或3%啶虫脒1 500倍液喷雾。

条赤须盲蝽雌成虫

条赤须盲蝽雌（下）、雄（上）成虫

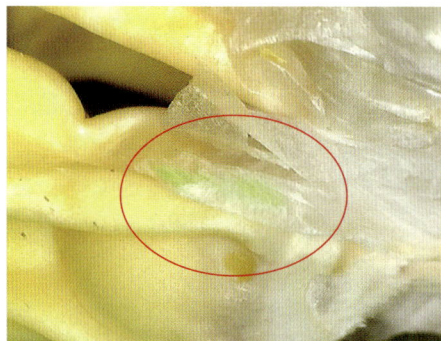

条赤须盲蝽产在玉米籽粒上的卵块（室内）　产于玉米叶鞘内侧的条赤须盲蝽卵块

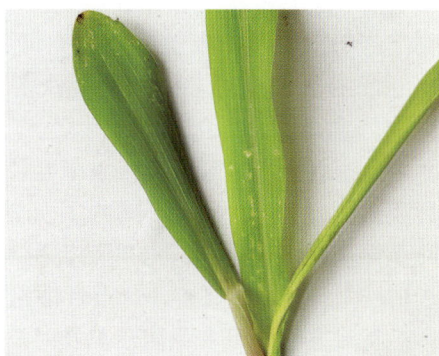

条赤须盲蝽若虫　　　　　　　　　玉米幼苗受害状

## 绿盲蝽

绿盲蝽属半翅目盲蝽科，寄主植物多达140多种，主要有棉花、小麦、玉米、向日葵和豆类等农作物及枣、葡萄、苹果、苜蓿等果树和牧草。在玉米田零星发生，一般年份为害不严重。

**学名**：*Apolygus lucorum*。

**形态特征**：成虫体绿色，复眼红褐色。触角4节，短于身体，基部两节绿色，端部两节淡褐色。前胸背板前缘几乎与头等宽，上有黑色小刻点。小盾片、前翅爪区、革区、楔片和翅脉均绿色，革区末端和楔片连接处呈浅灰褐色，膜区暗褐色。足腿节膨大，胫节有刺。卵长茄形，端部钝圆，中部稍弯曲，颈部较细。卵盖中央凹陷。五龄若虫洋梨形，鲜绿色，有黑色稀疏刚毛，头三角形，复眼红色。臭腺位于腹部第三节背中央后缘，呈横缝状。

**发生规律**：在黄河流域及长江流域大部分地区1年发生5代，在湖北襄阳、江西南昌可达6～7代，以卵在枣、苹果、桃等果树当年生枝条和断茬内及苜蓿、蒿类等植物上越冬。越冬代若虫主要在越冬地周边寄主上活动为害。成虫羽化后开始扩散为害。玉米田6—10月均可见成、若虫取食为害。

**为害状**：成、若虫刺吸玉米叶片汁液，受害叶片呈现较大的黄白色坏死斑点。玉米抽穗后刺吸穗部汁液，严重者可影响籽粒灌浆。

**防治方法**：同"条赤须盲蝽"。

绿盲蝽成虫

绿盲蝽初孵若虫

绿盲蝽若虫为害玉米雄穗

绿盲蝽成虫为害玉米雌穗

## 三点盲蝽

三点盲蝽属半翅目盲蝽科，寄主植物30多种，主要有棉花、玉米、马铃薯、蚕豆、芝麻、向日葵、葡萄、枣、苜蓿等。在玉米田常见，但发生量小、为害较轻。

**学名**：*Adelphocoris fasciaticollis*。

**形态特征**：成虫体黄褐色。头三角形，稍突出。触角褐色，4节，每节端部颜色较深。前胸背板前缘窄于头宽，有2个黑斑，后缘有1个黑横纹。小盾片黄色，两基角褐色。前翅爪区褐色，革区前部黄褐色，中部深褐色，膜区深褐色，楔片黄色。2个黄色楔片与黄色小盾片在体背呈明显的3个点。卵长茄形，产于寄主植物组织内，卵盖中央有2个小突起，边缘有1个白色丝状附属物。五龄若虫体黄绿色，触角黄褐色，翅芽末端黑色，伸达腹部第四节。臭腺口横扁圆形。

**发生规律**：三点盲蝽在黄河流域1年发生3代，以卵在苹果、桃、杨、柳等树皮内越冬。5月上旬越冬卵开始孵化。6月下旬至7月上旬第一代成虫出现，7月中旬第二代成虫出现，8月中、下旬第三代成虫出现。有转主为害和趋花特性。玉米田7—8月常见，但数量不多。

**为害状**：同"绿盲蝽"。

**防治方法**：同"条赤须盲蝽"。

三点盲蝽成虫

三点盲蝽成虫为害玉米雄穗

## 斑须蝽

斑须蝽属半翅目蝽科，寄主包括多种农作物、蔬菜和林木。玉米田常见，但发生量少，一般年份对玉米为害很轻。

**学名**：*Dolycoris baccarum*。

**形态特征**：成虫体黄褐色或略带紫色，密被白色绒毛。腹部边缘和触角黑黄相间。小盾片末端钝而光滑，黄白色。胸、腹部散布零星小黑点。卵圆筒形，整齐排列成块，初产浅黄色，后渐变为黄色。若虫形态和体色似成虫，略圆，腹部各节背部中央和两侧都有黑色斑。

**发生规律**：在黑龙江1年发生1代，河南、陕西、山东等地1年发生3代，均以成虫在植株根部、枯枝落叶下、土缝中、农舍墙缝中等场所越冬。在河南许昌，越冬成虫4月初开始活动，主要在麦田取食为害，5月上、中旬为第一代卵盛期，6月中旬为成虫羽化盛期，成虫羽化后陆续迁入玉米、烟草、大豆等作物田为害，第二、三代卵盛期分别在6月中旬和7月中旬。在玉米田从苗期到收获前均可见该虫为害，但一般发生量不大，为害较轻。卵产于玉米植株上部叶片正面或雌穗苞片上，常排列成块。成虫和若虫有臭腺，受惊时释放臭味。

**为害状**：初孵若虫群集在卵块周围刺吸寄主汁液，二龄后分散取食。成、若虫均喜刺吸寄主植物嫩叶、嫩茎、嫩芽、顶梢、嫩果汁液。

**防治方法**：①农业防治。作物收获后及时清除田间杂草和枯枝落叶。②药剂防治。若虫孵化期，可选用吡虫啉、噻虫嗪、高效氯氟氰菊酯、辛硫磷等杀虫剂对水喷雾。

斑须蝽成虫

斑须蝽卵块

斑须蝽初孵若虫

斑须蝽成虫为害玉米雌穗

## 二星蝽

二星蝽属半翅目蝽科，寄主植物有玉米、高粱、麦类、水稻、棉花、大豆、甘薯、茄子和蔬菜及一些果树。在玉米田一般发生量较小，为害轻微。

**学名**：*Eysarcoris guttiger*。

**形态特征**：成虫头黑色，触角5节，黄褐色。前胸背板胝区黑斑前缘可达前胸背板前缘。小盾片两基角各具1个黄白色光滑的小圆斑。胸部腹面污白色，腹部腹面黑色，节间明显。足淡褐色，密布黑色小点刻。

**发生规律**：以成虫在杂草丛中、枯枝落叶下越冬。翌年4—5月开始活动为害，卵产于小麦叶片和穗芒上，数10粒排成1~2纵行，有的不规则排列。第一代为害小麦，玉米出苗后迁入玉米田为害，在玉米田可繁殖为害至灌浆末期。成虫有趋光性和假死性。

**为害状**：以成、若虫刺吸玉米叶片、茎秆和穗部汁液。刺吸玉米心叶，受害叶卷曲，不易展开，展开后受害处呈现一排刺孔，严重时叶片自受害处齐断，严重影响玉米生长发育。灌浆期刺吸果穗，受害

二星蝽成虫（赵曼供图）

果穗籽粒不饱满，造成减产。

**防治方法**：一般年份不需要单独防治。发生严重时，可采用黑光灯诱杀成虫，在若虫发生期喷施吡虫啉、噻虫嗪等杀虫剂进行防治。

## 菜蝽

菜蝽属半翅目蝽科，是油菜、白菜、芥菜、萝卜等十字花科蔬菜的重要害虫之一。玉米田偶见。

**学名**：*Eurgdema domiulus*。

**形态特征**：成虫体橙红或橙黄色，有黑色斑纹。头部黑色，侧缘橙红色。前胸背板上有6个大黑斑，略成两排，前排2个，后排4个。小盾片基部有1个三角形大黑斑，近端部两侧各有1个小黑斑，小盾片橙红色部分呈Y形。前翅革片内侧和爪片黑色，革片中部和近端部各有1个小黑斑。膜片黑色，具白边。

**发生规律**：以成虫在枯枝落叶下和土缝、墙缝等处越冬。越冬成虫3月开始活动，4、5月间产卵，田间世代重叠。成虫耐寒性强，如在江西12月中、下旬才陆续越冬。卵块产于寄主植物叶背或花梗上。初孵若虫在卵壳附近取食，二龄后逐渐分散。成虫有趋光性。

**为害状**：成、若虫主要刺吸十字花科蔬菜嫩芽、嫩茎、嫩叶、花蕾和幼荚汁液，被刺吸处留下黄白色至微黑色斑点。在玉米田偶见成虫刺吸玉米植株汁液。

**防治方法**：及时防治与玉米田相邻蔬菜田的菜蝽，以防迁入玉米田为害。

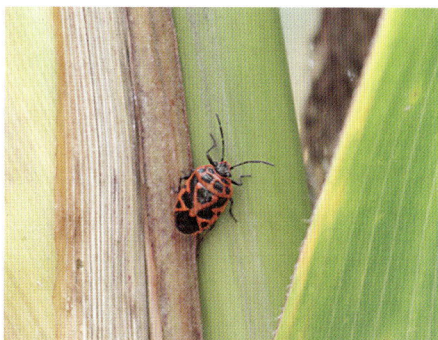

菜蝽成虫

## 谷子小长蝽

谷子小长蝽属半翅目长蝽科，主要为害高粱、粟、玉米、桑树、甜瓜、枸杞等。属偶发性害虫，一般年份发生轻微。

**学名**：*Nysius ericae*。

**形态特征**：雌成虫头淡褐色，两侧单眼处各有一黑色宽纵带，与复眼后黑色区相连，使得头部外方黑色。前胸背板污黄褐色，近后缘有一些模糊的深色纵向晕带，胝区有一宽黑横带。小盾片黑色，被平伏毛，有时两侧各有一大黄斑。前翅半透明，翅面无直立毛，每条翅脉上均有一褐斑。足淡黄褐色，腿节具黑斑点。

**发生规律**：每年发生1代，以成虫在禾本科杂草上越冬。在宁夏，成、若虫在7月初发生，7月中旬进入为害高峰期，8月上旬数量开始下降。在河南夏玉米田，成虫高峰期出现在7月。成虫喜群集于夏玉米植株中上部活动、取食，晴天无风高温天气活动最多。不同玉米品种间受害程度有差异。

**为害状**：成虫和若虫群集于玉米中上部叶片、雄穗、雌穗等部位为害。受害处呈现失绿的小斑点，后变为黄褐色小点，严重时斑点连接成块。雄穗花梗受害初期现褐色小点，后黄化，导致花蕾坏死脱落。雌穗受害导致灌浆不良，影响产量。

谷子小长蝽雌成虫

谷子小长蝽雄成虫

谷子小长蝽雌虫（上）、雄虫（下）交尾状

谷子小长蝽群集为害状

**防治方法**：①农业防治。清除田间杂草。②药剂防治。成、若虫发生期，每亩可选用4.2%高氯·甲维盐乳油35～45毫升，或70%吡虫啉水分散粒剂2～4克，或4.5%高效氯氰菊酯乳油15～40毫升，对水喷雾。

玉米叶片受害状（黄白色斑点）

谷子小长蝽在高粱上群集为害状

## 红脊长蝽

红脊长蝽属半翅目长蝽科，主要为害瓜类蔬菜，成虫也可迁移到玉米田为害。

**学名**：*Tropidocthorax elegans*。

**形态特征**：成虫体长椭圆形，赤黄色至红色，头、触角和足均为黑色，密被白色毛。前胸背板橘黄色，两侧各有1个近方形的大黑斑。小盾片三角形，黑色。前翅爪片除基部和端部橘红色，其余几乎全为黑色。革片有1个大黑斑，但此斑不达前缘。五龄若虫头黑色，前胸背板有2个黑色斑，腹部背面各节有大型黑色中斑和侧斑，二者常连接成1条横带，各节横带相连，近似一大黑斑。腹部侧缘橘黄色，足黑色。

**发生规律**：1年发生1～2代，以成虫在寄主周边的树洞、枯叶、土块下群集越冬。第二年4月开始活动，5月上旬交尾产卵。5月底至6月中旬第一代若虫孵化，7—8月成虫羽化产卵。第二代若虫8月上旬至9月中旬孵化，11月上、中旬成虫开始越冬。成虫飞行能力较弱，惧强光，中午时常聚集在植株下部叶背面取食为害。

**为害状**：以成虫和若虫群集在寄主植物幼嫩茎、叶刺吸汁液，受害处呈褐色斑点，严重时叶片干枯脱落，整株枯萎。

红脊长蝽成虫

**防治方法**：①农业防治。清除田间杂草，减少越冬虫源。②药剂防治。若虫三龄前，喷施2.5%溴氰菊酯可湿性粉剂2 000～4 000倍液，或4.5%高效氯氰菊酯乳油2 000～2 500倍液，或100克/升联苯菊酯乳油3 000～5 000倍液，或10%吡虫啉可湿性粉剂1 500～2 000倍液。

## 宽棘缘蝽

宽棘缘蝽属半翅目缘蝽科，主要以蓼科植物为食，也能为害玉米。在玉米田零星发生。

**学名**：*Cletus schmidti*。

**形态特征**：成虫体背暗红色。头前端突出于触角基前方。触角4节，第一至三节暗红色，第一节前端具1列黑色小颗粒状突起，第四节略膨大。前胸背板后半部刻点粗密，侧角显著外突。前翅革质与膜质区的交界处各有1个白点，前缘基半部色浅，顶角、外缘及内角常呈紫褐色。

**发生规律**：在江西、浙江1年发生3代，湖北发生2代，在广东、广西、云南无越冬现象。成虫羽化后7天开始交配，交配后4～5天产卵，卵散产于寄主植物的茎、叶或穗上，在25℃条件下雌虫总产卵量约245粒。

**为害状**：成虫和若虫刺吸玉米叶片及穗部汁液，受害处呈现褪绿斑点。

**防治方法**：一般年份不需防治。发生严重时，可参见"红脊长蝽"防治药剂。

宽棘缘蝽成虫（侧面观）

宽棘缘蝽成虫（背面观）

## 锤胁跷蝽

锤胁跷蝽属半翅目跷蝽科，寄主植物有多种果树、泡桐及玉米、大豆、棉花等农作物和白菜、萝卜等蔬菜。在玉米田零星发生。

**学名**：*Yemma signatus*。

**形态特征**：成虫体狭长，淡黄褐色，形似蚊。触角第一节基部及第四节基部3/4、喙顶端及各足跗节端部黑色，前翅膜片基部有黑色细纹，头腹面中央及胸腹板中央有1条黑色纵纹。触角细长，第一节弯曲。喙超过后足胫节少许。小盾片有短刺。臭腺孔缘延长部分的顶端明显弯曲。

**发生规律**：在河南1年发生2代，以成虫在地表覆盖物、枯枝落叶、杂草丛、越冬作物田等处潜伏越冬，第二年6月开始活动。7月中旬至8月中旬为盛发期。卵散产于寄主叶片上。成、若虫可刺吸玉米叶片汁液，也可刺吸落在叶片上的小型昆虫体液。雌雄交配频繁。雌虫常不飞行，雄虫活泼好动。

**为害状**：成虫和若虫喜在玉米雌穗和植株中、上部叶片上刺吸汁液，偶尔刺食小型昆虫。

**防治方法**：一般不需单独防治。发生严重时，可选用"红脊长蝽"的防治药剂。

锤胁跷蝽成虫

## 朱砂叶螨

朱砂叶螨属蛛形纲蜱螨目叶螨科，寄主植物有玉米、粟、高粱、棉花、向日葵、甘薯、茄子及豆类、瓜类等。在我国为害玉米的叶螨还有二斑叶螨（*Tetranychus urticae*）和截形叶螨（*T. truncates*）。

**学名**：*Tetranychus cinnabarinus*。

**形态特征**：雌成螨体长0.48～0.55毫米，宽0.32毫米，椭圆形，体锈红色至红褐色，体背两侧各有1对黑斑，前面1对较大。雄成螨体略小，前端近圆形，腹末稍尖，体色较雌虫淡。卵球形，淡黄色，孵化前微红。幼螨浅红色，3对足。若螨深红色，4对足，与成螨相似。

**发生规律**：华北地区每年发生10～15代，以雌成螨在田间、地头的杂草、枯枝落叶及土缝中越冬。3月上、中旬开始产卵，4月底至5月初出现第一代成虫。第一、二代主要在越冬寄主或春季寄主上取食。玉米出苗后开始为害玉米，主要发生于6—8月，高温干旱年份发生较重。

**为害状**：成、若螨聚集在叶片背面刺吸汁液，叶正面先呈现黄白色小斑，后变为小红点，受害严重的叶片逐渐变黄、干枯，呈焦枯状，被害玉米植株早衰、干枯。朱砂叶螨有吐丝结网习性，受害叶片背面丝网呈乱网状或絮状。

**防治方法**：①农业防治。早春清除田间及地边杂草。②药剂防治。发生严重时，每亩可用20%唑螨酯悬浮剂7～10毫升对水喷雾。

朱砂叶螨为害状（叶片背面）

朱砂叶螨为害状（叶片正面）

## （四）钻蛀性及穗部害虫

钻蛀性害虫是指蛀食寄主植物叶片、茎秆和果实的害虫。为害玉米的钻蛀性害虫主要是鳞翅目的亚洲玉米螟、桃蛀螟、高粱条螟和大螟，局部地区可见双翅目的潜叶蝇幼虫潜食玉米叶肉，粟秆蝇幼虫蛀食玉米幼苗茎秆。穗部害虫主要是指以咀嚼方式为害雌穗的害虫，主要有亚洲玉米螟、桃蛀螟、高粱条螟、棉铃虫、草地贪夜蛾、黏虫、劳氏黏虫等鳞翅目幼虫，有些年份局部地区也可见斜纹夜蛾和双线盗毒蛾等鳞翅目幼虫为害穗部籽粒。另外，白星花金龟、双斑萤叶甲成虫及蜗牛也取食玉米穗顶部籽粒。

钻蛀性害虫蛀食玉米茎秆和穗柄易导致茎秆和穗柄折断，取食雌穗造成的伤口和烂粒还易诱发穗腐病，严重影响玉米产量和质量。

### 亚洲玉米螟

亚洲玉米螟属鳞翅目螟蛾科，为多食性害虫，除为害玉米外，还为害高粱、谷子、棉花、大麻、甘蔗、向日葵等，属于我国一类农作物病虫害。亚洲玉米螟主要在玉米心叶期和灌浆期为害玉米，一般年份玉米心叶期受害株率可达20%～40%，灌浆期雌穗受害率可达75%以上，严重影响产量与籽粒品质。

**学名**：*Ostrinia furnacalis*。

**形态特征**：雄成虫体黄褐色。前翅内横线波状，外横线锯齿状，两横线之间有两个深褐色斑，外横线与外缘线之间有一褐色宽带。后翅亦有两条褐色横线，当翅展开时，与前翅的内、外横线正好衔接。雌蛾色淡黄，不及雄蛾鲜艳，内、外横线及斑纹不明显。卵扁椭圆形，一般20～60粒鱼鳞状排列成不规则块状或带状。老熟幼虫头及前胸背板黑褐色，具光泽。背中线明显，暗褐色。中、后胸背面各有4个圆形毛片，腹部第一至八节的背面每节有两排毛片，前排4个较大，后面2个较小。蛹纺锤形，红褐色或黄褐色。腹部第一至七节背面有横皱纹。臀棘尖端有5～8根钩刺，缠连于丝上，黏附于蛹室内壁。

**发生规律**：在我国1年发生1～7代。河南、河北、山东等黄淮海夏玉米产区1年发生3代，以老熟幼虫在玉米茎秆、果穗以及高粱、向日葵秸秆中等处越冬。越冬代成虫5月中、下旬羽化，第一代幼虫高峰期在6月上旬，正值春玉米心叶期。7月中旬为第二代幼虫发生盛期，正值春玉米穗期和夏玉米心叶期。夏玉米穗期为第三代幼虫发生期，幼虫为害雌、雄穗，蛀食茎秆，直至越冬。成虫飞行能力强，具趋光性，喜在长势好的玉米叶背中脉两侧产卵。初孵幼虫可借助风力扩散为害。高温、高湿条件有利于玉米螟生长发育。

**为害状**：玉米苗期，幼虫蛀食玉米心叶，叶片受害初期为半透明斑或小蛀孔，叶片展开后为整齐的排孔。玉米孕穗期，幼虫钻蛀穗苞为害雄穗，当雄穗抽出后，幼虫转移蛀食雄穗柄和雌穗以上的茎秆，造成雄穗及上部茎秆折断。玉米灌浆期，幼虫取食籽粒、穗轴，蛀入雌穗着生节和附近茎节内为害，被害处和蛀孔口有大量虫粪堆集。

**防治方法**：①农业防治。处理越冬寄主。玉米收获后至翌年4月底，对玉米、高粱等秸秆、穗轴、苞叶等进行粉碎或堆沤处理，减少越冬幼虫数量。玉米打苞抽雄期，隔行人工除去2/3的雄穗，可减少在雄穗苞中为害的幼虫数量。②药剂防治。心叶末期，当百株累计卵块达30块或花叶株率达10%时，每亩用0.2%苏云金杆菌颗粒剂0.3～0.5千克，或1.5%辛硫磷颗粒剂1.5～2千克，或0.5%毒死蜱颗粒剂5千克，或将300亿孢子/克的白僵菌粉0.1～0.12千克拌炉渣颗粒5千克制成颗粒剂，早上露水干后，将颗粒剂集中撒在心叶里。或者每亩用5%氯虫苯甲酰胺悬浮剂16～20毫升，或40%氯虫·噻虫嗪水分散粒剂10～12克，对水稀释后对准心叶喷雾。抽穗吐丝期当虫穗率达到10%或百穗花丝虫量50头以上时，每亩用16 000国

亚洲玉米螟成虫

际单位/毫克苏云金杆菌可湿性粉剂50～100克，或5%氯虫苯甲酰胺悬浮剂16～20毫升，或40%氯虫·噻虫嗪水分散粒剂10～12克，无人机喷雾。若虫穗率超过30%，第一次施药后6～8天再施药1次。③诱杀成虫。每30亩设置1盏诱虫灯，在成虫发生期晚上开灯诱杀成虫。或者利用性信息素诱芯诱杀雄虫，每亩2个诱芯。大面积统一开展诱杀防治效果较好。④释放赤眼蜂。成虫发生初期，每亩释放玉米螟赤眼蜂15 000头，释放时同时悬挂中间寄主可提高防效。

亚洲玉米螟卵块（左：初产卵块；右：近孵化卵块）　　亚洲玉米螟幼虫（刘顺通供图）

亚洲玉米螟蛹　　　　　　　被赤眼蜂寄生的亚洲玉米螟卵块

亚洲玉米螟幼虫为害状（左：心叶上的蛀孔；右：心叶抽出后的"排孔"）

亚洲玉米螟幼虫钻蛀玉米茎秆（左）及茎秆折断状（右）

亚洲玉米螟（左）和桃蛀螟（右）幼虫
为害雌穗苞

亚洲玉米螟幼虫为害雌穗

亚洲玉米螟幼虫钻蛀穗轴

在茎秆中越冬的亚洲玉米螟老熟幼虫

## 桃蛀螟

　　桃蛀螟属鳞翅目螟蛾科，既为害桃、苹果、梨、李、板栗等多种果树的果实，又为害玉米、向日葵等作物茎秆及果穗。随着果树果实套袋技术的推广应用，桃蛀螟在黄淮海玉米种植区夏玉米田为害呈加重趋势，成为玉米穗期主要害虫之一，一般年份玉米虫穗率可达60%以上。

**学名**：*Dichocrocis punctiferalis*。

**形态特征**：成虫体鲜黄色，前胸两侧各有1个黑点，前翅黑点约25～26个，后翅约有15个，黑点大小不一。腹部第一节和第三至六节背面各有黑点3个，第七节有1个，第二节和第八节无黑点。卵椭圆形，单粒散产，初产乳白色，后渐变橘红色，孵化前为红褐色。老熟幼虫体头部暗黑色，胸、腹部背面暗红色或桃红色，腹面淡绿色。前胸各节背面具灰褐色瘤点，中、后胸及第一至八腹节背面各有褐色毛片8个，前排6个较大，近圆形，后排2个较小，扁圆形。腹足趾钩2～3序，缺环。

**发生规律**：在华北地区1年发生3代，以老熟幼虫在玉米茎秆和穗轴内及向日葵花盘中等幼虫为害处越冬。在河南中部地区，越冬代、第一代和第二代成虫高峰期分别为5月下旬、7月上中旬和8月中旬至9月中旬，其中以第二代成虫的发生量最大。第一、二代幼虫主要为害桃、李、杏等果树的果实。第三代卵主要产于夏玉米田，花丝萎蔫后出现产卵高峰，卵主要产于中上部叶片基部和雌穗苞叶上，幼虫蛀食雌穗籽粒和茎秆。

**为害状**：三龄前的幼虫蛀入玉米雌穗嫩粒，常用粪便及食物碎屑封住入口而在其中为害。三龄后的幼虫啃食籽粒，食量大。近化蛹时的幼虫有蛀秆现象。受害雌穗易感染穗腐病。

桃蛀螟雌成虫

桃蛀螟雄成虫

产在花丝上的桃蛀螟卵

桃蛀螟幼虫（刘顺通供图）

**防治方法**：①农业防治。越冬
代成虫羽化前清除向日葵花盘、玉
米穗轴等越冬场所，减少来年虫源。
②诱杀。诱虫灯或性诱剂诱杀成虫。
③药剂防治。幼虫孵化盛期，及时
喷施杀虫剂。防治药剂参见"亚洲
玉米螟"。及时防治玉米田周围其
他寄主田的桃蛀螟。

桃蛀螟蛹

桃蛀螟幼虫为害状

桃蛀螟幼虫为害状（刘顺通供图）

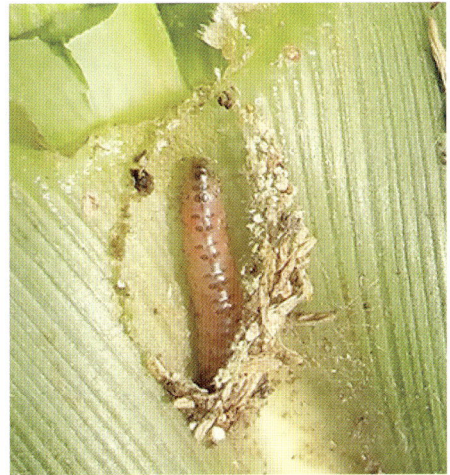

准备化蛹的桃蛀螟老熟幼虫

## 高粱条螟

高粱条螟属鳞翅目螟蛾科，主要为害玉米、高粱、甘蔗、谷子等作物，是玉米主要钻蛀性害虫之一。近年来在玉米田整体发生程度有下降趋势，但个别年份、个别地块为害仍然很重，特别是高粱种植面积大的夏玉米种植区，要注意监测和防治。

**学名**：*Chilo sacchariphagus*。

**形态特征**：成虫头、胸部背面淡黄色。前翅灰黄色，翅面有20多条暗褐色纵皱纹，中央有1个小黑点；外缘近直线，有7个小黑点，翅尖下部略内凹。后翅颜色淡。卵扁平椭圆形，卵粒呈双行"人"字形重叠排列。老熟幼虫乳白至淡黄色，头部黄褐至黑褐色，腹部背面具紫褐色纵纹4条。幼虫分冬、夏两型。夏型幼虫腹部各节背面有4个褐色毛片排成正方形，前两个较大，近圆形，后两个呈长圆形。冬型幼虫黑褐色毛片消失，背面有4条显著的淡紫色纵纹，腹面纯白色。腹足趾钩双序缺环。蛹红褐色至黑褐色。腹部第五至七节背面前缘具深色网纹，腹末有尖锐小突起2对，尾部钝，无尾刺。

3种钻蛀性螟虫幼虫的主要识别特征：①玉米螟幼虫，体灰白色，背中线明显，腹部各节背面中部4个毛片排列成梯形。②桃蛀螟幼虫，体背暗红或桃红色，腹面淡绿色，腹部每节背面中部4个毛片排列成正方形。③高粱条螟幼虫，体背4条紫色或淡紫色纵线，腹部各节背面中部4个毛片排列成正方形，体表光滑。

**发生规律**：在河南、山东、河北及江苏北部1年发生2代，以老熟幼虫在玉米、高粱秸秆内越冬。越冬幼虫5月中、下旬开始化蛹，5月下旬至6月上旬成虫羽化。卵多产于叶背基部及中部。在玉米上发生为害一般比亚洲玉米螟晚10天左右。

**为害状**：常与玉米螟混合发生，为害状与玉米螟相似。其不同之处是，高粱条螟为害叶片造成的孔洞为不规则形，玉米螟幼虫造成的"花叶"孔洞为圆形。高粱条螟的蛀茎部位多在节间的中部，而玉米螟多在茎节附近。被害处的虫粪，高粱条螟的比玉米螟的细。高粱条螟幼虫在茎内环状取食茎髓，茎秆被咬空一段，遇风易折断，断口整齐，而玉米螟幼虫蛀茎后上下取食，蛀道长。

**防治方法**：①农业防治。彻底清除玉米等寄主植物秸秆、穗秆、根茬以及苍耳等杂草寄主，减少越冬虫源。②药剂防治。防治方法同"亚洲玉米螟"。

高粱条螟成虫

高粱条螟幼虫

高粱条螟蛹

玉米叶片受害状

玉米植株受害状

玉米茎基部受害状

玉米茎基部受害状（纵剖面）

## 大螟

大螟属鳞翅目夜蛾科，寄主植物有水稻、玉米、甘蔗、油菜、稗草、芦苇等，在玉米田零星发生。自玉米苗期至灌浆期均可为害，个别年份和地块发生较多。

**学名**：*Sesamia inferens*。

**形态特征**：成虫头、胸部淡黄褐色，腹部淡黄色。前翅灰白色，近长方形，近外缘色渐深，翅中部自翅基至外缘有红褐色放射状纹1条，其上、下各有2个小黑点。后翅银白色，近外缘色深。雌虫触角丝状，雄虫触角栉齿状。卵块产，2～3行串状排列。老熟幼虫体粗壮，头部红褐至暗褐色，胸腹部乳白或淡黄色，背面略带紫色，腹足趾钩单序半环状纵列。初蛹淡黄色，后渐变为黄褐色，头胸有白粉状分泌物，臀刺为3根钩棘。

**发生规律**：大螟以幼虫在玉米、水稻等寄主植物根茬或茎内越冬。在河南滑县1年发生3代，越冬代成虫4月中、下旬开始羽化，5月初为成虫盛发期。在玉米产区，第一代幼虫主要为害春玉米和小麦，6月中、下旬第一代成虫在夏玉米田产卵。第二代幼虫主要为害夏玉米幼苗，8月初羽化为成虫。第三代幼虫主要为害夏玉米茎和穗，9月下旬幼虫钻入玉米残桩基部或在蛀孔内越冬，玉米穗轴内也可见幼虫越冬。成虫趋光性较强，一代成虫多选择5～8叶期玉米苗产卵，以田边植株上的卵量较多，产卵部位以玉米第二、三叶鞘内侧近叶舌处为主。幼虫孵出后群集叶鞘内取食，造成枯鞘，三龄开始向邻近植株转移扩散。

**为害状**：为害玉米时，幼虫钻蛀茎基部取食为害。玉米苗期，幼虫多自第二叶叶舌处侵入假茎蛀食，受害植株生长点坏死形成枯心苗，植株矮化甚至枯死，有的叶片被害成孔洞状。玉米拔节后至抽穗期，幼虫自地面以上靠近第二至四节间处蛀入，取食节间或近节间处髓部组织，易造成玉米倒折。玉米穗期，幼虫自穗体上半部咬破苞叶蛀食籽粒和穗轴。

**防治方法**：①农业防治。玉米秸秆粉碎还田，破坏越冬场所。清除稻茬，杀灭越冬幼虫。清除杂草，减少野生寄主。②药剂防治。幼虫孵化期，每亩用40％氯虫·噻虫嗪水分散粒剂10～12克对水喷雾，发生严重地块，可在大喇叭口期尽早喷施200克/升氯虫苯甲酰胺悬浮剂2 000倍液。

大螟成虫（陈培育供图）

大螟幼虫（赵曼供图）

大螟蛹（王朝阳供图）

玉米苗受害状（赵曼供图）

玉米茎秆受害状（王朝阳供图）

## 粟秆蝇

粟秆蝇属双翅目花蝇科，主要分布于东北、华北、中南、西南等地，为害谷子、玉米、高粱等禾本科作物，也取食谷莠子、狗尾草等杂草。在玉米田，粟秆蝇与黑麦秆蝇（*Oscinella pusilla*）为害相似。

**学名**：*Atherigona biseta*。

**形态特征**：成虫体长4～5毫米，土黄色或灰黄色。复眼暗褐色。前胸背板有3条不明显的深灰色纵纹。翅透明，平衡棒黄褐色。前足大部分黑色，仅腿节和胫节基部为黄褐色；中、后足大部分黄褐色，仅跗节黑色。腹部污黄色至橘黄色，第二至四节背面两侧各有1个黑斑，第三、四节上的黑斑最明显。卵长椭圆形，长约1毫米。幼虫蛆状，老熟幼虫体长7～9毫米。初孵幼虫半透明，取食后变为乳黄色，近老熟时为鲜黄色至姜黄色。口钩黑色，明显。腹部末端钝圆，有1对黑色圆柱形气门突。围蛹体长4～6毫米，红褐色至深褐色，圆筒形。前气门2个，略突出。腹末有2个圆形后气门突起。

**发生规律**：在我国北方地区1年发生2～3代，均以老熟幼虫在土中1～3厘米深处越冬。翌年6月上旬至7月上旬越冬代成虫羽化。第一代幼虫发生于6月下旬至7月下旬，第二、三代幼虫发生于8—9月，老熟幼虫于8月底至9月入土越冬。在玉米田，成虫将卵散产于幼苗心叶叶鞘内，幼虫孵化后从心叶卷缝处螺旋状钻入茎内，食害心叶及嫩茎，玉米受害2～3天即可呈现枯心。幼虫老熟后在受害的茎秆内化蛹或钻入土中化蛹。不同生育期的玉米受害程度差别很大，成虫主要在玉米幼苗上产卵，4、5叶以后的玉米植株很少受害。

**为害状**：幼虫自玉米幼苗基部钻蛀假茎，造成枯心苗。有的被害株心叶扭曲，心叶基部逐渐腐烂而坏死。心叶受害轻时展开后有不规则的纵裂孔。

**防治方法**：①农业防治。及时清除田间、地头的禾本科杂草。调整播期，以避免成虫产卵高峰期与玉米幼苗期相遇。②药剂防治。播种前用30%噻虫嗪种子处理悬浮剂、40%溴氰·噻虫嗪种子处理悬浮剂或70%吡虫啉种子处理可分散粉剂，有效成分按种子质量的0.2%～0.4%进行拌种。成虫羽化盛期，每亩用40%辛硫磷乳油300毫升拌细土30千克，撒施于玉米植株周围地面及心叶内。玉米出苗至2～4叶期，每亩用40%氯虫·噻虫嗪水分散粒剂8克，对水喷雾。

粟秆蝇成虫（侧面观、背面观、前翅）

粟秆蝇幼虫

粟秆蝇蛹

蚂蚁捕食粟秆蝇幼虫

玉米幼苗受害状（枯心苗）

玉米幼苗受害状（心叶扭曲）　　　受害心叶抽出后的纵裂孔洞（赵晨供图）

枯心苗拔出后的症状

## 棉铃虫

　　棉铃虫属鳞翅目夜蛾科，是一种多食性重要农业害虫，为害作物达30多科200余种。近年来，棉铃虫为害玉米有加重趋势，自玉米出苗后至灌浆末期均可为害，一般年份苗期有虫株率可达20%～30%，玉米穗期虫穗率可高达90%以上，为黄淮海夏玉米穗期三大害虫（玉米螟、桃蛀螟和棉铃虫）之一。

**学名**: *Helicoverpa armigera*。

**形态特征**: 雌蛾翅赤褐色，雄蛾翅灰绿色。前翅中横线由肾形纹开始向下斜至翅后缘，末端达环形纹正下方；外横线末端达肾形纹正下方；亚缘线呈锯齿状，与外缘近于平行。后翅灰白色，具明显褐色脉纹；近外缘有黑褐色宽带，宽带中央具2个灰白斑。卵馒头形，初产乳白色或淡绿色，后渐变为黄色，孵化前紫褐色。老熟幼虫头部黄色，有褐色网状斑纹。各体节有毛片12个，体表密生长而尖的小刺。幼虫体色多变，有黄白色、淡绿色、淡红色、深绿色至黑褐色等多种体色，每种体色又有不同的变异。蛹纺锤形，赤褐色。腹部第五至七节背面和腹面前缘有7～8排稀疏的半圆形刻点。腹部末端具1对基部分离的刺。

**发生规律**: 在黄河流域每年发生4代，长江流域5代，西北内陆3代。各地均以蛹在5～15厘米深的土中做土室越冬。黄河流域，4月下旬至5月中旬越冬代成虫羽化，第一代幼虫主要为害小麦、春玉米、番茄等作物，6月上、中旬第一代幼虫入土化蛹，6月中、下旬第一代成虫盛发，6月底至7月下旬为第二代幼虫盛发期，为害夏玉米、大豆、番茄等农作物和蔬菜，第三代幼虫发生于8月上、中旬，第四代幼虫发生于9月上、中旬，在玉米田主要为害雌穗。第三代开始有世代重叠现象，部分可发生5代。成虫有趋光性。

**为害状**: 幼虫为害玉米苗期叶片和穗期的雌、雄穗。玉米苗期，幼虫取食嫩叶形成孔洞或缺刻，孔洞或缺刻随叶片伸展而扩大。玉米抽穗后，幼虫取食扬花前的雄穗，影响雄穗散粉；取食雌穗顶部花丝、幼嫩穗轴和灌浆期籽粒，受害果穗易霉烂并诱发穗腐病。

**防治方法**: ①诱杀。每30亩设置1盏诱虫灯，在成虫发生期晚上开灯诱杀成虫。成虫发生初期，每亩放置2个性信息素诱捕器诱杀成虫。诱捕器高出玉米植株20～50厘米。②药剂防治。幼虫孵化至二龄幼虫盛期，每亩可用50亿PIB*/毫升棉铃虫核型多角体病毒悬浮剂20～30毫升，或16 000国际单位/毫克苏云金杆菌可湿性粉剂250～300克，或14%氯虫·高氯氟微囊悬浮-悬浮剂15～20毫升，或200克/升氯虫苯甲酰胺悬浮剂10～15毫升，对水喷雾。也可每亩用1.5%辛硫磷颗粒剂500～750克，撒施在心叶内。③释放寄生蜂。玉米吐丝期或成虫始盛期，每亩释放玉米螟赤眼蜂10 000～15 000头，按照使用说明书而放。

---

\* PIB表示病毒的多角体。全书同。

棉铃虫雌成虫

棉铃虫雄成虫

棉铃虫卵（玉米叶耳上）

棉铃虫幼虫

棉铃虫蛹

玉米花丝上的棉铃虫卵

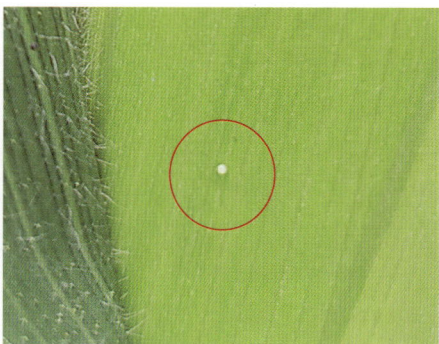

玉米雌穗苞叶上的棉铃虫卵

不同体色的棉铃虫幼虫及为害状

不同体色的棉铃虫幼虫及为害状

## 劳氏黏虫

劳氏黏虫属鳞翅目夜蛾科，寄主以玉米、水稻、甘蔗等禾本科作物为主，以为害玉米最重，大发生年份可将玉米叶片吃光，甚至造成玉米绝收。在玉米苗期至灌浆期均可为害，常与黏虫混合发生，近年来在玉米生长中后期为害有加重趋势。

**学名**：*Mythimna loreyi*。

**形态特征**：成虫体黄褐色。与黏虫相比，前翅无环形纹，中室下角有1个小白点，中室基部向端部有1条暗褐色纵条纹，前翅顶角有1个三角形暗褐色斑，缘线也由1列黑点组成。幼虫体黄褐色至灰褐色。头部"八"字形纹黑褐色，两侧的网状细纹暗褐色，唇基有一黑褐色斑。背线两侧伴有暗黑色细线，气门上线与亚背线之间赭褐色，气门线与气门上线之间土褐色，气门线下沿至腹部上缘区域浅黄色。气门筛黄褐色。

**发生规律**：不同地区发生世代数不同。在河南省漯河市每年发生3～4代，不能越冬。成虫4月中旬至5月上、中旬始见，10月上、中旬结束。第一代幼虫在5月至6月上旬为害春玉米叶片。第二代幼虫6月底至7月为害夏玉米叶片。第三代幼虫8月发生，为害盛期在8月中、下旬，低龄幼虫取食花丝，四龄以后取食玉米籽粒，是为害夏玉米最重的一代。第四代幼虫发生在9月，主要为害晚播田块及补种的植株。成虫有趋光性、趋化性，卵块多产在叶片正面或叶鞘与茎秆的夹缝中。每头雌虫平均产卵266粒。幼虫取食玉米的叶片、花丝和幼嫩籽粒。老熟幼虫入土化蛹越冬。

**为害状**：苗期为害状与黏虫相似，幼虫取食叶片成缺刻，为害严重时叶片只剩主脉。玉米抽穗后，幼虫取食雄穗而影响雄穗正常发育和散粉，大龄幼虫常将雌穗新吐的花丝全部切断而影响授粉，咬食顶部嫩粒和穗芯，受害雌穗易霉烂并发穗腐病。

劳氏黏虫成虫

**防治方法**：主要采用药剂防治，

防治适期为二龄幼虫盛期。苗期防治方法同"黏虫",灌浆期防治药剂同"亚洲玉米螟"。

劳氏黏虫幼虫

劳氏黏虫老熟幼虫

劳氏黏虫幼虫及为害状

劳氏黏虫幼虫及为害状

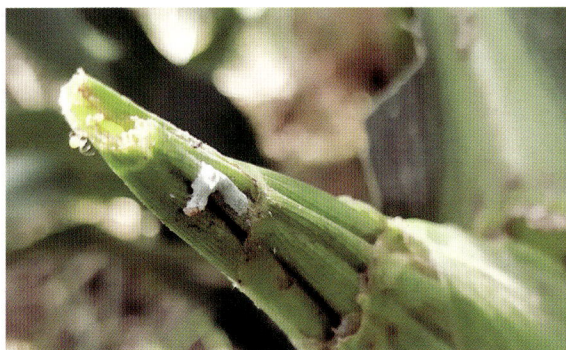

劳氏黏虫被白僵菌寄生状

## 双线盗毒蛾

双线盗毒蛾属鳞翅目毒蛾科，食性杂，幼虫可为害玉米、棉花及豆类等农作物和芒果、柑橘、梨、桃等果树，还可捕食甘蔗绵蚜等小型昆虫。在我国南方发生较重，北方玉米田偶发。

**学名**：*Porthesia scintillans*。

**形态特征**：大龄幼虫头部浅褐至褐色。胸、腹部暗棕色，背面背中线黄色，中央贯穿红色细线。前胸侧瘤和后胸红色，第一、二和第八腹节背面有黑色绒球状短毛簇，其余毛瘤污黑色或浅褐色。

**发生规律**：各地发生代数不一，如福建7代，广西4～5代。以幼虫越冬，但冬季气温较暖时，幼虫仍可取食活动。成虫有趋光性。卵块产于寄

双线盗毒蛾幼虫（李为争供图）

主植物叶背或花穗上。初孵幼虫群集叶背取食叶肉残留上表皮，二、三龄幼虫分散为害，常将叶片咬成缺刻、孔洞，或咬坏花器、咬食刚谢花的幼果，在玉米上取食灌浆期籽粒。老熟幼虫入表土层结茧化蛹。

**为害状**：主要以幼虫取食玉米花器和灌浆期籽粒。

**防治方法**：在玉米田为害较轻，一般不需要单独防治。发生严重时，可在幼虫孵化至二龄期喷施农药进行防治。防治药剂参见"棉铃虫"。

## 白星花金龟

白星花金龟属鞘翅目花金龟科，多食性害虫，幼虫腐食性，成虫植食性。成虫可取食多种粮食作物和水果、蔬菜叶片及果实，以取食苹果、梨等果实为最重，玉米灌浆期可为害玉米雌穗。

**学名**：*Liocola brevitarsis*。

**形态特征**：成虫体椭圆形，背面扁平，带古铜色或青铜色闪光。头部较窄，两侧在复眼前明显陷入，中央隆起。前胸背板具不规则白线斑，后缘中部前凹。前胸背板后角与鞘翅前缘角之间有一个明显的三角形中胸后侧片。小盾片表面光滑，仅基角有少量刻点。鞘翅宽大，布有粗大刻纹和不规则白绒斑。

**发生规律**：在河南、山东、新疆等地1年发生1代，以幼虫在土壤中越冬。翌年3—5月化蛹，5月成虫羽化，6—7月为成虫发生盛期，成虫以取食水果、蔬菜、粮食作物等叶片和果实补充营养，喜食腐烂的果实以及玉米、向日葵等。卵多产于粪堆、秸秆堆、草堆等腐殖质较多的场所及施有未经腐熟的有机肥的土壤中，6月下旬始见，10月上旬终见。幼虫腐食性，可取食腐烂的秸秆、杂草及畜禽粪便，多在腐殖质丰富的疏松土壤或腐熟的粪堆中生活。

**为害状**：以成虫取食灌浆期玉米籽粒，造成雌穗顶部破裂，影响产量。

**防治方法**：①农业防治。发生严重时，秋末深翻土地，集中消灭粪土交界处的幼虫，减少越冬虫源。②药剂防治。用辛硫磷、毒死蜱等农药对水后直接喷洒堆肥等幼虫滋生场所。③诱杀。糖醋酒液诱杀成虫。将红糖、醋、白酒与水按照4：3：1：2的比例配成糖醋液，添加1%的农药，如辛硫磷乳油，倒入塑料盆等容器中，在成虫羽化期放置田间诱杀成虫，并及时清理容器，补足糖醋液。

白星花金龟成虫　　　　　　　白星花金龟为害玉米穗（李为争供图）

## （五）天敌昆虫

天敌昆虫是指捕食或寄生其他昆虫的昆虫，主要包括瓢虫、步甲、隐翅虫、草蛉、食虫虻、食蚜蝇、猎蝽、螳螂等捕食性昆虫和姬蜂、茧蜂、赤眼蜂、寄蝇等寄生性昆虫。玉米田常见的天敌昆虫有七星瓢虫、龟纹瓢虫、异色瓢虫、大草蛉、棉铃虫齿唇姬蜂和玉米螟赤眼蜂等。除天敌昆虫外，蜘蛛也是玉米田常见的害虫天敌。

天敌昆虫是抑制玉米害虫种群数量和发生为害程度的一类重要的自然因子。在玉米生产管理中，要尽量少用或不用广谱性杀虫剂，科学使用农药，充分发挥天敌昆虫的自然抑制作用，保护农田生态环境。同时，一些天敌昆虫特别是玉米螟赤眼蜂的人工繁殖和应用技术已经成熟，并进入大面积应用阶段，有条件时可及时释放增补赤眼蜂，防治玉米螟、桃蛀螟等鳞翅目害虫。

## 七星瓢虫

七星瓢虫属鞘翅目瓢虫科，主要捕食蚜虫和棉铃虫、黏虫等鳞翅目小幼虫。

**学名**：*Coccinella septempunctata*。

**形态特征**：成虫体卵圆形，体背稍拱起，背面光滑无毛。头黑色，额部有2个白色小斑。前胸背板前角各有1个近四边形的淡黄色斑。鞘翅红色或橙红色，两个鞘翅共有7个黑斑，其中每一鞘翅上各有3个，位于小盾片下方的小盾斑被鞘缝分割成每侧一半。小盾片两侧各有1个近三角形的小白斑。卵枣核形，橙黄色，两端较尖，聚产成块。幼虫体灰黑色，前胸背板前侧角和后侧角有橘黄色斑。腹部第一和第四节两侧各有1对橙黄色肉瘤。

**发生规律**：七星瓢虫在黄河流域1年发生4～5代，以成虫在小麦、油菜等分蘖上、干燥温暖的枯枝落叶、土缝、树皮裂缝等处越冬。一般2月中旬越冬成虫开始活动、取食、产卵，3月底至4月初活动最盛。冬麦区，卵产于小麦叶片背面和麦穗上，有的产于土块表面或缝隙内。丘陵地区，3月下旬可见第一代卵块，4月中、下旬出现第一代成虫。平原地区，5月上、中旬第一代成虫大量羽化，麦收前后大量迁入棉田、玉米田等寄主田。第二代发生于5月中旬至6月下旬。夏季高温时成虫多数迁入山区越夏，在玉米田也可见于玉米心叶内越夏。9月上旬以后田间数量复渐增多。10月中旬后陆续越冬。成虫产卵量大，单雌产卵500粒左右。有自残性、趋光性和假死性。

七星瓢虫成虫

七星瓢虫卵块（赵曼供图）

**捕食特性**：成虫和幼虫可捕食蚜虫和棉铃虫、黏虫等鳞翅目小幼虫。以捕食蚜虫为主。成虫日均食蚜量约100头，一、二、三、四龄幼虫日均食蚜量分别为10头、37头、60头和124头。

七星瓢虫幼虫（左：低龄幼虫；右：高龄幼虫）

七星瓢虫蛹

## 龟纹瓢虫

龟纹瓢虫属鞘翅目瓢虫科，成、幼虫均捕食蚜虫和鳞翅目小幼虫。

**学名**：*Propylaea japonica*。

**形态特征**：成虫卵圆形，背稍拱起。头白色至黄白色，头顶黑色。雌虫额中央有1个黑斑，有时较大，与黑色头顶相连，雄虫无此黑斑。前胸背板中基部有1个大黑斑，一般雌虫的黑斑较大。小盾片黑色。鞘翅黄色，有黑色"出"字形斑纹。鞘翅上的斑纹多变，但鞘翅合缝处都有1条黑色纵带。卵排列成块。幼虫一、二龄浅灰色，三龄后灰黑色。

**发生规律**：在华北1年发生4～5代，以成虫在背风向阳的沟边、杂草丛、树皮裂缝内或小麦田、油菜田土缝、植株根际等处越冬。3—11月均可见到成虫，以6—8月数量最大、活动最盛。成虫多在下午至傍晚羽化，产卵前期7～9天，卵排列成块，成虫产卵量随温度变化存在差异，如通辽地区成虫产卵量80～320粒，四川地区可达79～649粒。

**捕食特性**：成虫和幼虫可捕食玉米田蚜虫、棉铃虫、草地贪夜蛾等多种害虫。如雌、雄成虫和四龄幼虫对草地贪夜蛾卵的最大日捕食量分别达205粒、111粒和125粒，对一龄幼虫最大日捕食量分别为242头、266头和109头，因此对草地贪夜蛾卵和低龄幼虫具有很好的控制作用。成虫捕食玉米蚜时，每日最大捕食量可达88头。

龟纹瓢虫成虫

龟纹瓢虫卵

龟纹瓢虫幼虫

龟纹瓢虫蛹

龟纹瓢虫雌雄成虫交尾状

不同体色的龟纹瓢虫成虫

龟纹瓢虫幼虫捕食蚜虫

## 异色瓢虫

异色瓢虫属鞘翅目瓢虫科，以小型昆虫为食，如禾谷缢管蚜、玉米蚜、豆蚜、棉蚜、木虱、粉虱等。

**学名**：*Harmonia axyridis*。

**形态特征**：成虫体卵圆形，体背明显拱起。雄成虫头部白色，头顶有2个黑斑或相连，或额的前端有1个黑斑。雌成虫黑色区和斑均较大，唇基黑色。前胸背板斑纹多变，有4～5个黑斑，或相连成"八"字形或M形斑。

体色和斑纹变异大，大体可分为浅色型和深色型两种。浅色型每一鞘翅上最多9个黑斑，或这些斑点全部或部分消失。深色型鞘翅黑色，每一鞘翅有1、2、6个红斑，红斑大小变异较大。多数个体在鞘翅末端中央有1个明显的横脊。卵淡黄色。幼虫黑色，腹部每节有3对枝刺，第一至五节两侧各有1个长三角形橙色区。

**发生规律**：异色瓢虫在各地发生代数随气候不同而异，在河南每年发生5～6代，以成虫群集于墙缝、石穴、山洞内、落叶层下、树皮缝、树洞、草丛基部等处越冬。越冬成虫3月上旬至4月中旬陆续飞出越冬场所，在蚜虫较多的小麦、木槿、桃、梨、苕子、蚕豆等农田或果园内活动，5—10月迁入蚜虫多的植物上活动、繁殖。秋季气温低于10℃时成虫开始越冬。成虫多次交配和产卵，单雌产卵量300～500粒。

**捕食特性**：成虫和幼虫主要捕食蚜虫、叶螨和棉铃虫、玉米螟等鳞翅目昆虫的卵及初孵幼虫，其捕食量随气温高低和猎物种类等而不同，是玉米蚜的重要天敌。在猎物不足时，具有自相残杀和取食本种卵和蛹的习性。

不同体色的异色瓢虫成虫

异色瓢虫卵块

异色瓢虫幼虫

异色瓢虫蛹

初羽化的异色瓢虫成虫

交尾中的异色瓢虫成虫

异色瓢虫成虫边交尾边捕食

## 青翅蚁形隐翅虫

青翅蚁形隐翅虫又名黄足蚁形隐翅虫，属鞘翅目隐翅甲科，成虫可捕食蚜虫、叶蝉、飞虱及一些鳞翅目昆虫的卵和低龄幼虫。除青翅蚁形隐翅虫外，田间还可见黑足蚁形隐翅虫（*Paederus tamulus*）、黑斑足突眼隐翅虫（*Stenus cicindeloides*）等。

**学名**：*Paederus fuscipes*。

**形态特征**：成虫体小到中型，狭长，体色鲜艳，棕褐色、黄色或黑褐色。头前口式，口器发达。触角棒状或丝状。鞘翅较短，翅末端平截，后翅发达或退化，常折叠藏于鞘翅下。腹部大部分外露，且可向背面弯曲。玉米田常见的青翅蚁形隐翅虫鞘翅蓝黑色有光泽，近后缘处翅面散生刻点。足黄褐色，后足腿节末端及各足第五跗节黑色。腹末节较尖，有1对黑色尾突。

**发生规律**：青翅蚁形隐翅虫各地发生代数不同，多以成虫在避风、多草、土壤疏松的田间越冬。在河南，一年中成虫有3个发生高峰，第一个高峰于5月上、中旬出现于麦田，第二个于6月下旬出现于玉米田、烟田等作物田，8月下旬出现第三个高峰。成虫趋光性强，喜潮湿环境，行动敏捷。雌虫一生可多次交配、产卵，产卵量100粒左右，寿命约6个月。

**捕食特性**：隐翅虫可捕食玉米螟、叶蝉、飞虱、蚜虫、蓟马等多种农业害虫。捕食量因猎物不同而异，青翅蚁形隐翅虫成虫日捕食棉铃虫一龄幼虫3.4头，大青叶蝉15.1头。梭毒隐翅虫在田间可捕食一至三龄玉米螟幼虫和一、二龄玉米蚜若虫。在河南农区，隐翅虫对一、二龄玉米螟幼虫的日捕食量可达22头，对叶蝉若虫的日捕食量达15头，对各种蚜虫的日捕食量达6～10头，对烟蓟马若虫的日捕食量达9头。需要注意的是，有的隐翅虫毒液能引起人皮肤过敏而出现红斑、瘙痒等症状。

青翅蚁形隐翅虫成虫

## 双斑青步甲

双斑青步甲属鞘翅目步甲科，成虫和幼虫均可捕食棉铃虫、玉米螟等多种鳞翅目害虫的幼虫。除双斑青步甲外，玉米田常见的其他步甲科天敌昆虫还有中华广肩步甲（*Calosoma chinense*）、铜绿婪步甲（*Harpalus calceatus*)、淡足青步甲 (*Chlaenius pallipes*) 和黑广肩步甲 (*Calosoma maximoviczi*) 等。

**学名**：*Chlaenius bioculatus*。

**形态特征**：成虫体中等至大型，体色一般较暗。头前口式，窄于前胸。触角位于上颚基部与复眼之间。鞘翅表面有纵沟或刻点行。成虫后翅常退化，不能飞行，仅能在地面行走。幼虫前口式，体细长，上颚突出呈钳状，足发达。双斑青步甲幼虫头红褐色，有光泽，胸、腹部背面黑褐色，足褐色，跗节及爪较淡。头扁平，中央稍隆起。前胸背板稍比头宽。腹面灰色，有大小不一的褐色斑纹。第九腹节背板有1对尾须，尾须上有长刚毛。

**捕食特性**：步甲成虫和幼虫均可捕食昆虫、蚯蚓等小型动物，捕食量大。有的步甲可捕食4～5种害虫，有的能捕食8～9种害虫。一些体型较小的步甲还可捕食蚜虫，成虫的食蚜量达17～24头。双斑青步甲三龄幼虫对草地贪夜蛾6个龄期幼虫的最大日捕食量分别达278、146、73、18、3、2头。玉米田常见步甲幼虫捕食玉米螟、草地贪夜蛾、桃蛀螟的幼虫，因此对抑制鳞翅目害虫为害具有重要作用。

蠼螋也是玉米田常见的一种捕食性昆虫，其与步甲幼虫形态相似，主要区别是蠼螋无尾须，但有1对坚硬的尾铗，如黄足肥螋。

双斑青步甲幼虫捕食桃蛀螟幼虫和蛹　双斑青步甲幼虫捕食草地贪夜蛾幼虫
（刘顺通供图）

双斑青步甲幼虫捕食玉米螟幼虫　　　　　　黄足肥螋捕食棉铃虫幼虫
（刘顺通供图）

## 草蛉

　　草蛉属脉翅目草蛉科。玉米田常见的草蛉科天敌昆虫有大草蛉（*Chrysopa pallens*）、丽草蛉（*C. formosa*）、叶色草蛉（*C. phyllochroma*）和中华草蛉（*C. sinica*）等。草蛉科昆虫的幼虫俗称蚜狮，主要捕食玉米蚜、禾谷缢管蚜等多种蚜虫，也可捕食其他多种农、林害虫的低龄幼虫。

　　**形态特征**：成虫体中型，体色多草绿色。复眼金绿色，触角丝状，约与体等长。前胸背板梯形或矩形。翅脉网状，前缘横脉不分叉。卵散产或成丛，具丝质长柄。幼虫梭形，尾端尖，胸、腹部两侧长有毛瘤，双刺吸式口器。老熟幼虫做丝质茧在茧内化蛹，蛹茧常附着在叶片背面。

　　**发生规律**：大草蛉在河南1年发生5代，山东1年4代，山西和陕西1年3～4代。以蛹在茧内越冬，越冬蛹茧多在田间枯枝落叶中和林木树皮缝隙中。在河南，越冬代羽化盛期在5月上、中旬，第一至四代成虫羽化盛期分别在6月中旬、7月中旬、8月中旬和9月上旬至10月初。10月老熟幼虫陆续结茧越冬。叶色草蛉在山东1年可发生4代，以预蛹在茧内越冬。草蛉成虫1次交尾可多次产卵，卵单产、群产或丛产，卵粒具丝质长柄，幼虫孵化后沿卵柄下爬，寻找食物。幼虫共3龄，有自残性。三龄幼虫的捕食量最大。

　　**捕食特性**：草蛉成、幼虫均为捕食性，可捕食螓类、蚜虫、粉虱、螨类等害虫和棉铃虫、草地贪夜蛾、地老虎、甘蓝夜蛾、银纹夜蛾等多种鳞翅目昆虫的卵和小幼虫，以捕食各种蚜虫为主。如大草蛉幼虫日均食蚜量可达62.5头，日均捕食斑须蝽一、二龄若虫15.6头，对一龄、二龄和三龄草地贪夜蛾幼虫的日最大捕食量分别达到14.4头、10.3头和3.3头，可作为防控草地贪夜蛾的有效天敌资源。普通草蛉二龄幼虫对麦二叉蚜和麦长管蚜日最大捕食量分别为217头和154头，三龄幼虫对两种蚜虫的日最大捕食量分别为250头和182头。

大草蛉成虫            大草蛉卵            中华草蛉卵

中华草蛉刚蜕皮的幼虫            中华草蛉幼虫（李为争供图）

## 玉米螟厉寄蝇

玉米螟厉寄蝇属双翅目寄蝇科，可寄生玉米螟、大螟、棉大卷叶螟等鳞翅目昆虫的幼虫。

学名：*Lydella grisescens*。

玉米螟厉寄蝇成虫

**形态特征**：成虫体粗壮，多毛，有斑纹。触角3节，触角芒常光裸。中胸后小盾片显著，下侧鬃和翅侧鬃发达。腹部有许多粗大的鬃。幼虫蛆形，乳白色，口钩黑色，锋利坚硬。

**发生规律**：玉米螟厉寄蝇以幼虫在玉米螟等寄主的末代幼虫体内越冬。在河南1年发生2～3代，4月下旬至5月上旬越冬幼虫钻出寄主体壁化蛹，5月中、下旬成虫羽化，6月中旬、7月下旬和8月中下旬分别为第一、二、三代幼虫发生盛期。成虫白天活动，取食花蜜和果汁。

**寄生特性**：雌成虫将卵产于寄主幼虫体内，幼虫孵化后取食寄主组织。被寄生后的幼虫前期仍能取食，约经8天左右头、胸部变褐收缩而腹部膨大，有的则头、胸部膨大而腹部细缩，活动迟缓，当寄蝇幼虫接近老熟时，被寄生的幼虫体内组织被蚕食一空，寄蝇幼虫则钻出寄主体壁化蛹。通常1头玉米螟幼虫能够满足1～3头玉米螟厉寄蝇幼虫寄生。

## 食蚜蝇

食蚜蝇是双翅目食蚜蝇科昆虫的统称。农田常见食蚜蝇有黑带食蚜蝇（*Episyrphus balteatus*）、大灰食蚜蝇（*Metasyrphus corollae*）、印度细腹食蚜蝇（*Sphaerophoria indiana*）、斜斑鼓额食蚜蝇（*Scaeva pyrastri*）等。食蚜蝇幼虫取食多种蚜虫，是玉米蚜的重要天敌昆虫。

**形态特征**：食蚜蝇成虫体色鲜艳，形似蜜蜂或胡蜂，腹部常有黄、黑相间的斑纹。只有前翅，后翅特化为瓣状平衡棒。前翅R脉与M脉间有1条两端游离的伪脉。端横脉通常与翅外缘平行。幼虫蛆形，体前端尖，后端平截，腹部有皱褶、刺或毛，侧区具突起。

**发生规律**：每年发生1代到多代。如大灰食蚜蝇在山东烟台1年发生5代，以成虫和（或）老熟幼虫越冬。黑带食蚜蝇在华北地区1年发生4～5代，广东7～8代，河南5代。在河南，主要以蛹在油菜田、甘蓝田等秋末蚜虫数量较多的寄主植物周围土壤中越冬。早春食蚜蝇越冬代成虫多在十字花科蔬菜留种田及其他开花植物上取食花蜜，而后转入麦田及其他作物田取食蚜虫。成虫多在白天中午前活动，取食花蜜用作补充营养，卵产于蚜虫群体中，单粒散产。幼虫共3龄。

**捕食特性**：食蚜蝇幼虫取食各种蚜虫。取食时，幼虫以口器钩住蚜虫并将其举起吸食体液，体液被吸完后便将蚜尸扔掉。捕食量因种类不同而异，如黑带食蚜蝇1头幼虫日食烟蚜100～120头，大灰食蚜蝇一生可食烟蚜400～500头。

黑带食蚜蝇成虫

黑带食蚜蝇幼虫 黑带食蚜蝇蛹

斜斑鼓额食蚜蝇幼虫 印度细腹食蚜蝇成虫

## 食虫虻

食虫虻为双翅目食虫虻科昆虫的统称。玉米田常见的种类有中华盗虻（*Cophinopoda chinensis*）、长足食虫虻（*Dasypogon aponicum*）等。成、幼虫均为肉食性。

**形态特征**：中华盗虻成虫体粗壮，中至大型。体多毛鬃，无金属光泽。头顶复眼间凹陷，复眼明显突出。触角鞭节延长，端部1～3个亚节形成端刺。胸部粗，腹部细长而略似锥形。足细长。幼虫体圆柱形，头部半头式，口钩垂直活动取食。

中华盗虻成虫

中华盗虻捕食

**发生规律**：在河南镇平，食虫虻以三至五龄幼虫在约30厘米深的土壤中越冬。成虫5月中旬开始活动，7月中旬至8月上旬为活动盛期。成虫喜阳光，捕食能力强，常静止于地面或植物上，伺机捕食其他昆虫。幼虫生活于土壤、朽木或腐殖质中，捕食软体动物或小昆虫，或寄生直翅目、鞘翅目、双翅目、膜翅目的幼虫。

**捕食特性**：食虫虻猎物较多，包括膜翅目、双翅目、鞘翅目、直翅目、鳞翅目、半翅目和脉翅目等7个目的近130种猎物，有的还捕食蜘蛛，主要捕食中小型蛾蝶类及叶蝉、盲蝽等。幼虫在土壤中捕食或寄生其他土栖昆虫，是蛴螬等地下害虫的重要天敌。

## 棉铃虫齿唇姬蜂

棉铃虫齿唇姬蜂属膜翅目姬蜂科，主要寄生棉铃虫、甜菜夜蛾等鳞翅目害虫的幼虫。

**学名**：*Campoletis chlorideae*。

**形态特征**：成虫体长5～6毫米，头、胸部黑色，密生白色细毛。上颚上边与唇基紧靠，似上唇，故称齿唇姬蜂。前胸背板中央有细横刻条。翅透明，翅基片黄色，翅脉褐色，翅痣淡黄褐色，前翅具小翅室和第二回脉。腹部赤褐色，有光泽，第一背板和第二背板前端大半部及第三背板以后各节的倒三角形斑均黑色或黑褐色。茧圆筒形，长约5毫米，灰白色或灰褐色，丝质网状，多数有两横排并列的长形或不规则形黑斑。寄主幼虫死后干皮常黏附在茧的一端。

棉铃虫齿唇姬蜂雌成虫

棉铃虫齿唇姬蜂蛹茧，一端黏附有棉铃虫幼虫的残皮

**发生规律**：棉铃虫齿唇姬蜂在黄河流域1年发生约8代，1年出现4～5个高峰期。每两代的发生期与1代棉铃虫的发生期相对应，与棉铃虫发生世代具有显著的伴随关系。河南、陕西等地4月下旬始见成虫，5月上、中旬大量出现，以后有世代重叠现象。

**寄生特性**：卵多产于寄主的低龄幼虫体内，四龄以上寄主被寄生率很低。单寄生。单雌产卵量14～22粒。姬蜂幼虫老熟时，寄主停止取食，死亡前多爬至叶面静伏，姬蜂老熟幼虫从寄主第二对腹足中间钻出，在寄主残体附近结茧化蛹。

## 玉米螟赤眼蜂

玉米螟赤眼蜂属膜翅目赤眼蜂科，是重要的寄生性天敌昆虫，可寄生玉米螟、棉铃虫、桃蛀螟等多种鳞翅目害虫的卵。

**学名**：*Trichogramma ostriniae*。

**形态特征**：成虫体微小，黄色或橘黄色。头短，后缘微凹，复眼红色（故名赤眼蜂）。触角5～9节。前、后翅有边缘毛，翅面上具成行微毛。足跗节3节。

赤眼蜂成虫在玉米螟卵块上产卵
（刘顺通供图）

被赤眼蜂寄生的玉米螟卵块

**寄生特性**：玉米螟赤眼蜂为卵寄生蜂，可寄生鳞翅目、膜翅目、半翅目昆虫等1 000多种昆虫的卵，以寄生鳞翅目昆虫卵为主。在第一代玉米螟发生期，仅有少量的卵能够被赤眼蜂寄生。第二代玉米螟发生期，玉米螟卵块被寄生率高达70%以上，卵粒被寄生率达60%以上。被寄生的卵粒数天后变黑（未被寄生的卵粒只有部分变黑，未受精的卵粒颜色不会变化）。目前，人工饲养赤眼蜂技术已经成熟，在每代玉米螟卵始见期，每亩释放15 000头赤眼蜂，玉米螟卵被寄生率可达75%以上，能有效控制玉米螟幼虫为害。

# 三、玉米田常见杂草

## （一）一年生杂草

一年生杂草，是指在1年内完成一个生命周期，且在一个生命周期中只开花结实1次、以种子繁殖的杂草。大田中最常见的杂草多是一年生的，可分为夏季一年生和冬季一年生两类。夏季一年生杂草在春季发芽，夏季是主要发育阶段，秋季成熟后死亡。冬季一年生杂草在秋季或冬季发芽，种子一般在翌年春季或早夏植株死亡前成熟。玉米田发生的主要是夏季一年生杂草，常见的有反枝苋、马齿苋、铁苋菜、龙葵、马泡瓜等阔叶杂草和狗尾草、牛筋草、马唐等单子叶杂草。

### 1. 阔叶杂草

阔叶杂草多为双子叶杂草，胚有两片子叶，草本或木本，叶片宽，有叶柄，叶脉网状。根据生命周期长短可分为一年生杂草和多年生杂草。玉米田常见的一年生阔叶杂草有反枝苋、皱果苋、马齿苋、铁苋菜、龙葵、藜、苘麻、马泡瓜等。此外，还有单子叶杂草鸭跖草。

### 反枝苋

反枝苋属苋科，别名野苋菜、西风谷、芸星菜、人青菜。除广东、福建、云南和台湾等地外，全国各地均有分布。

**学名：**_Amaranthus retroflexus_。

**危害特点：**常混生于玉米、棉花、大豆、花生等作物大田中及菜园、果园和荒地等旱地环境，植株高大，生长速度快，对田间玉米或其他作物苗期形成遮光或阻碍通风，抑制作物生长，消耗地力，同时在作物生长后期形成大量种子，加重来年危害，乃至混入作物种子。

**形态特征**：成株高20～80厘米，甚至可达1米以上。茎直立，粗壮，淡绿色，偶有紫色条纹，稍具钝棱，密生短柔毛。叶片呈菱形、卵圆形或椭圆形，长5～12厘米，宽2～5厘米，叶尖部多变，尖锐或微凹，具小芒尖，基部楔形，叶两面和边缘具柔毛，叶柄旁无刺。多个穗状花序组成圆锥花序，苞片背面具一龙脊状突起，伸出顶端成白色尖芒。花被片5个，雄蕊5个。胞果成熟时果皮盖裂，内含1粒种子。种子近球形或卵圆形，黑色，具光泽。

**发生规律**：以种子在土壤中越冬。种子产量高、寿命长，萌发温度范围广，可以在田间形成持续的土壤种子库。反枝苋能与作物有效竞争光和养分，同时具有较强的化感作用。种子主要在浅层土壤中萌发，黏土在地表4厘米，壤土为5厘米，沙土为6厘米，萌发土壤温度5～40℃。对土壤质地要求不高，

反枝苋

反枝苋花序

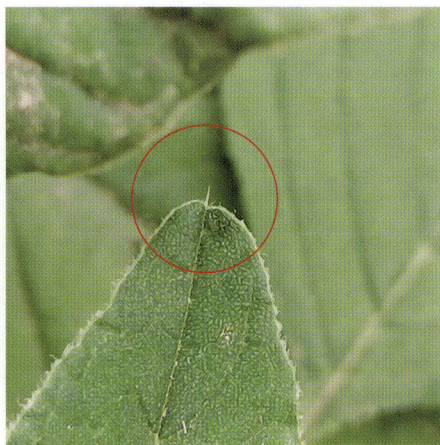

反枝苋叶（示小芒尖）

土壤pH在5～10之间均可萌发。4—5月出苗，7—8月开花，8—9月结果。种子可由鸟类和哺乳动物取食进行远距离传播或人工机具携带传播，造成玉米整个生育期均可受害。

**防治方法**：①健康栽培，减少发生基数。前茬不使用未腐熟有机肥，合理施肥与密植，提高玉米抗性。在玉米生长中后期，将结果前的反枝苋清除出田，减少翌年发生基数。②玉米播后出苗前土壤处理。用42%精异草·异噁酮·莠去津悬乳剂，或68%乙·莠·滴辛酯悬乳剂，或40%乙·莠可湿性粉剂等，按制剂推荐用量每亩对水50～60千克进行土壤喷雾。③茎叶喷雾（玉米3～5叶期，杂草2～5叶期为佳）。每亩可用21%烟嘧·莠去津可分散油悬浮剂140～210毫升（与其他作物套种或间作的玉米田禁止使用），或51%烟嘧·乙·莠可分散油悬浮剂80～120毫升（甜玉米、爆裂玉米、糯玉米、制种田玉米、自留玉米种子不宜使用，玉米2叶期前及10叶期后不能使用），或25%辛酰溴苯腈乳油100～150毫升，对水20～30千克均匀喷雾。也可用25%硝磺·莠去津可分散油悬浮剂、26%烟·硝·莠去津可分散油悬浮剂、40%硝磺·异甲·莠可分散油悬浮剂（在上茬小麦田中使用过甲磺隆、绿磺隆等长残效除草剂的玉米田及与阔叶作物间作、套种或混种的玉米田，不宜使用）或33%苯唑草酮·特丁津可分散油悬浮剂等，按制剂使用说明对水均匀喷雾。

## 皱果苋

皱果苋属苋科，别名绿苋、野苋。全国各地均有分布。

**学名**：*Amaranthus viridus*。

**危害特点**：常混生于菜园、果园及大豆、花生、玉米田和荒地等旱地环境，植株高大，生长速度快，易对玉米或其他作物苗期形成遮光，抑制作物生长，同时消耗地力，在作物生长后期会形成大量种子，加重翌年危害。

**形态特征**：整株无毛，茎秆直立，稍分支，绿色或带紫色。叶卵形至卵状矩圆

皱果苋幼苗

形，长2～9厘米，叶面常有V形或半月形白斑。叶柄长3～6厘米。圆锥花序顶生，有分枝，由穗状花序形成。穗状花序长圆柱形，直立，顶生花序长于侧生花序。花被离生，苞片及小苞片披针形，顶端具凸尖。花被片3个，雄蕊3个。胞果成熟时不开裂，极皱缩，超出花被片。种子扁圆形或近圆形，黑色，有光泽，种皮具岛状稀疏突起，边缘呈复网纹状结构，无网脊。

皱果苋成株

皱果苋花序

**发生规律**：一年生草本，以种子繁殖，种子产量高、寿命长、萌发期广，可以在田间形成持续的土壤种子库。种子最适宜发芽温度为30℃，萌发方式为爆发式，表现为萌发率高，萌发速度快，萌发时间早，持续时间较短。田间发生与反枝苋相似，种子主要在浅层土壤中萌发。在华北，4—5月出苗，花期7—8月，果期8—9月。种子可由鸟类和哺乳动物取食进行远距离传播或人工机具携带传播，玉米整个生育期均可受害。

**防治方法**：同"反枝苋"。

## 马齿苋

马齿苋属马齿苋科，别名五行草、马齿菜、蚂蚱菜。全国各地均有分布。

**学名**：*Portulaca oleracea*。

**危害特点**：常混生于菜园、果园及棉花、大豆、花生、玉米田和荒地等旱地环境，喜肥沃、潮湿松软土壤，较为耐旱。湿润土壤中生长速度快，消耗地力大，同时在作物生长后期形成大量种子，加重来年危害。

**形态特征**：植株光滑无毛。茎平卧或斜倚，伏地散铺，多有分枝，圆柱形，淡绿色或暗红色。叶深绿，互生或近对生，叶柄粗短，叶片扁平，肥厚，卵形，叶尖部全缘或略凹陷似马齿。花无梗，一般3～5朵簇生于枝端。苞片2～5个，叶状，膜质，近轮生。萼片2个。花瓣5个，黄色，倒

马齿苋花

马齿苋

马齿苋为害状

卵形，顶端微凹。雄蕊8枚以上。蒴果卵圆形，盖裂，内含种子多数。种子肾状卵形，黑色，具小疣状突起。

**发生规律**：以种子在土壤中越冬。春夏季幼苗均可发生，3—6月为发生盛期，生长速度快，水肥条件好的地块生长更快。5—8月开花，6—9月结实，种子可繁殖。在发芽期和营养生长期，需强光照或较强的光照，在弱光条件下，子叶不生长，真叶不发生。分生能力极强，每个叶腋内均可形成一级侧枝，与主茎一起以根基部为中心向四周辐射成盘状。如侧芽受损伤，该侧芽后的叶腋中可形成新的侧枝。在水肥条件好的玉米田，主茎和侧枝生长均健壮。

**防治方法**：①健康栽培，减少发生基数。前茬尽量使用腐熟有机肥，合理施肥与密植，提高玉米抗性。玉米苗期雨后可通过机械松土清除马齿苋幼苗。马齿苋植株结果前集中拔除带出田块，以免再次成活。②玉米播后出苗前土壤处理。除草剂种类、使用方法同"反枝苋"。③茎叶处理（玉米3～5叶，杂草2～5叶期为佳）。药剂种类及使用方法同"反枝苋"。

## 铁苋菜

铁苋菜属大戟科，别名海蚌含珠、蚌壳草。全国除西部高原或干燥地区外，各地均有分布。

**学名**：*Acalypha australis*。

**危害特点**：喜肥沃、潮湿松软土壤。常混生于菜园、果园或大豆、花生、玉米田及荒地等环境，湿润土壤中生长速度快，消耗农田地力大。

**形态特征**：成株株高20～50厘米，茎直立，自基部分枝，小枝细长。叶互生，绿色略现紫色，椭圆形、近菱形或阔披针形，边缘有钝锯齿，叶面毛疏或无毛，叶背毛稍密，沿叶脉伏生硬毛。叶柄细长。穗状花序腋生。花单性，雌雄同花序，雄花生于花序上部，雌花生于花序下部的叶状苞片内，苞片展开时呈肾形，闭合时如河蚌外壳。蒴果钝三棱形，被粗毛。种子近卵圆形，黑褐色，光滑。

**发生规律**：以种子越冬。夏玉米播种后，田间墒情合适时种子萌发，一般在玉米播种后10天即可达到出草高峰，出草比例（当天出草量占该草总量的比例）约为50%。

**防治方法**：①人工防除。前茬使用腐熟有机肥，铁苋菜幼苗集中出苗时及时拔除。②玉米播后出苗前进行土壤处理。使用药剂及方法同"反枝苋"。③苗后处理。玉米3～5叶或杂草2～5叶期，喷施除草剂，药剂及使用方法同"反枝苋"。

铁苋菜

铁苋菜为害状

铁苋菜成株

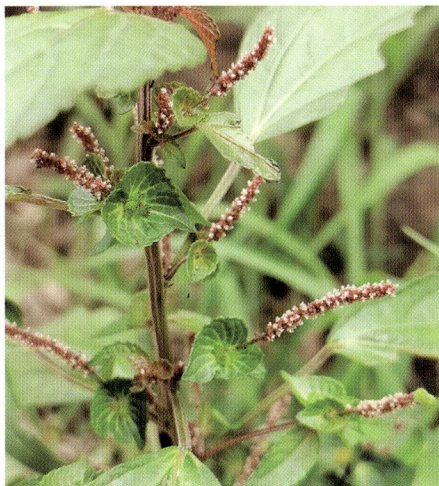

铁苋菜花序

## 苘麻

苘麻属锦葵科，别名椿麻、塘麻、孔麻、青麻、白麻、桐麻、磨盘草、车轮草等。全国除青藏高原外，其余各地均有分布。

**学名**：*Abutilon theophrasti*。

**危害特点**：喜肥沃、潮湿、松软的土壤。常混生于菜园、果园及大豆、花生、玉米田和荒地等环境。湿润土壤中生长速度快，消耗地力大。

**形态特征**：成株高30～150厘米。茎直立，上部多分枝，全株密被柔毛。叶互生，圆心形，边缘具大小不等的锯齿，两面被星状柔毛。叶柄长。花单生于叶腋，花梗细长，近顶端具节。花萼杯状，裂片5个，卵形，长约6毫米，花瓣黄色，倒卵形，长约1厘米。雄蕊柱平滑无毛，雌蕊密被柔毛，柱头球形。蒴果半球形，分果瓣15～20个，被粗毛，顶端具长芒。种子肾形，灰褐色，被星状柔毛。

苘　麻

苘麻幼苗为害状

苘麻成株为害状

苘麻蕾、花

苘麻蒴果

**发生规律**：以越冬种子繁殖，种子具休眠期，抗逆性强，适应性广。6月上旬玉米播种后，随气温升高，苘麻逐渐出苗。种子萌发期对光需求量较高，自然光下种子2天即可萌发，第六天萌发率可达50%，而黑暗环境可显著抑制萌发率。种子萌发适宜温度为15～30℃，土壤pH为4～8。如果种子萌发期遇土壤湿润和较高气温，能加快萌发和出土。

**防治方法**：①覆盖种子，阻止萌发。夏玉米前茬秸秆还田，覆盖玉米植株周围地表，形成较厚覆盖层，可阻止苘麻种子萌发。②拔除，减少发生基数。集中拔除开花结果前的苘麻植株，减少来年发生基数。③玉米播后苗前进行土壤处理。药剂种类及使用方法同"反枝苋"。④苗后药剂处理。玉米3～5叶期或杂草2～5叶时喷施除草剂，药剂种类及使用方法同"反枝苋"。

## 龙葵

龙葵属茄科，别名野辣虎、野海椒、野葡萄、苦葵、苦菜、石海椒、黑天天、山辣椒、野茄秧、白花菜、假灯龙草、地泡子、飞天龙、天茄菜等。全国各地均有分布。

**学名**：*Solanum nigrum*。

**危害特点**：常混生于玉米田间、田埂，生长迅速，生长周期长，影响地力。

**形态特征**：成株高25～100厘米。茎无棱或棱不明显，绿色或紫色，近无毛或被微柔毛。单叶互生，叶卵形。聚伞花序侧生，花柄下垂，每花序有花4~10朵。花冠白色，钟形，5裂，辐射状伸展。花萼圆筒形，5深裂，

龙　葵　　　　　　　　龙葵成株（左）和花（右）

裂片卵圆形。花丝短，花药黄色，约为花丝长度的4倍。子房卵形，中部以下被白色茸毛，柱头圆形。浆果球形，成熟时黑紫色。种子扁圆形。

**发生规律**：以种子在田间越冬。一般5—6月出苗，6—8月开花，8—10月成熟。适应性强，喜湿耐旱。管理粗放的玉米田种子基数较大，发生危害严重。

**防治方法**：①阻止种子萌发。夏玉米前茬秸秆还田覆盖玉米植株周围地表，阻止龙葵种子萌发。②减少发生基数。前茬使用有机肥时要腐熟，及时拔除开花结果前的龙葵植株，玉米收获后深耕翻土压制种子库，减少来年发生基数。③苗后药剂处理。玉米3～5叶期，每亩用40%烟嘧·莠·氯吡可分散油悬浮剂80～100毫升对水20～30千克进行茎叶喷雾。玉米8～10叶期，每亩可用41%草甘膦异丙胺盐水剂150～250毫升，对龙葵植株进行定向喷雾，喷雾液量以30～40千克为宜。

## 藜

藜属藜科，别名灰藜、灰蓼头草、灰菜、灰条菜。全国除西藏外各地均有分布。

**学名**：*Chenopodium album*。

**危害特点**：在夏玉米田多生于麦茬秸秆处，遇雨水充足时生长速度快，密度大，消耗地力大，影响玉米生长。

**形态特征**：成株高60～120厘米。茎直立，粗壮，有棱，多分枝。叶灰绿色，菱状卵形至宽披针形，先端急尖或微钝，基部楔形至宽楔形，边

藜　　　　　　　　　　　　　　藜花序

缘具不整齐锯齿，正面通常无粉，背面有粉，有时嫩叶的正面有紫红色粉。叶柄长。花两性，黄绿色，花序穗状或圆锥状，有粉。花被片5个，先端急尖或微凹。雄蕊5个，花药伸出花被，柱头2裂。果皮与种子贴生。种子横生，黑色，有光泽，表面具浅沟纹。

**发生规律**：以种子越冬。一般5—6月出苗，花期8—9月，果期9—10月。适应性强，耐盐碱、喜湿、耐旱、耐涝，能适应典型的大陆性气候，繁殖力强，管理粗放的玉米田种子基数较大，苗期墒情较好的田块发生率较高。

**防治方法**：①减少种子基数，人工除草。前茬使用的有机肥要腐熟，在杂草幼苗期集中铲除，或在开花结果前及时拔除。②药剂防除。化学除草药剂和使用方法同"反枝苋"。

## 马泡瓜

马泡瓜属葫芦科，别名马泡蛋、野西瓜苗。全国各地均可见。

**学名**：*Zehneria indica*。

**危害特点**：主要在小麦茬口玉米田发生量较大，尤其是施用农家肥较多的地块发生较严重。玉米生长中后期其匍匐茎缠绕玉米茎秆，造成玉米叶片不能伸展，影响光合作用和玉米生长。

**形态特征**：植株纤细，攀缘或平卧。茎有棱，有黄褐色或白色的糙硬毛。卷须不分叉。叶互生，近圆形或肾形，边缘不整齐波浪状，基部深心形，两面有柔毛，叶背脉上有短刚毛，叶脉掌状。叶柄细长，具槽沟及短刚毛。花单性，雌雄同株，雌花单生，雄花双生或3枚聚生。花冠黄色，裂

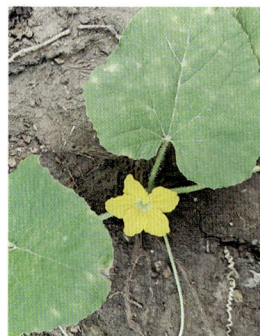

马泡瓜为害状

马泡瓜花

片卵状矩圆形。花梗无毛。果实近圆形，成熟后橘红色或红色，有香味，果肉极薄。种子灰白色，卵形或长圆形。

**发生规律**：一年生草本，种子繁殖。在玉米播种前后，遇上田间墒情好时，种子能很快集中萌发。在玉米生长中后期，尤其管理粗放的田块，马泡瓜枝蔓经常缠绕玉米茎秆而生长。种子产量较高，容易在翌年形成丰富的种子库。

**防治方法**：同"反枝苋"。

## 苍耳

苍耳属菊科，别名葈耳、粘头婆、甄马头、苍耳子、老苍子、野茄子、猪耳、菜耳等。广布全国各地。

**学名**：*Xanthium sibiricum*。

**危害特点**：喜潮湿、温暖，耐干旱、盐碱，具有很强的繁殖能力，种子一旦成熟，可借助风力、牛或羊等小型动物传播，是危害农作物的主要杂草之一。为棉铃虫、棉蚜、玉米螟等害虫的寄主。

**形态特征**：株高30～100厘米。茎直立，粗壮，具糙伏毛，有时具刺，多分枝。叶互生，三角状卵形或心形，全缘或多少分裂，两面贴生糙伏毛，叶基部与叶柄连接处两侧呈相等的阔楔形。头状花序单性，雌雄同株，无或近无花序梗，在叶腋单生或密集成穗状，或成束聚生于茎枝的顶端。果

苍耳幼苗

苍耳花序

苍耳果实

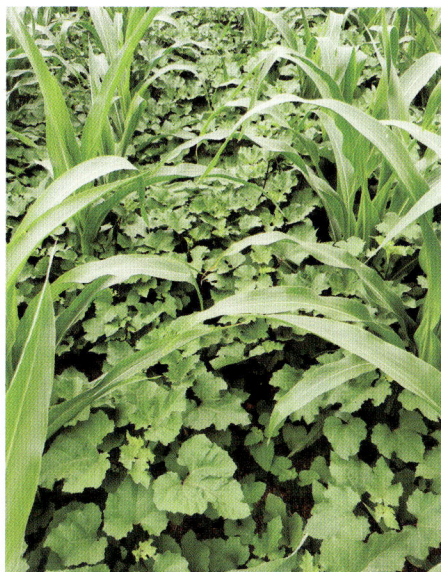

苍耳为害状

实属瘦果，外面密生钩状刺，刺长1～1.5毫米，顶端有2喙，果实成熟时坚硬，手触有刺痛感。果内藏倒卵形瘦果2枚。

**发生规律**：以掉落地面或留在植株残体上的种子（果实）越冬。玉米出苗后种子萌发，萌发最适温度15～20℃，出土最适深度3～7厘米。一般7—8月开花，8—10月结果。种子成熟后落入土中，也可黏附于动物皮毛上或行人衣物上进行传播，还可借风力传播。在土质松软深厚、降雨充足及肥沃的地块上发生较为普遍。

**防治方法**：①人工除草。在幼苗期集中铲除，或在玉米中后期及时拔除。铲除田边地头苍耳，避免种子传播至田中。②药剂防除。玉米3～5叶期或杂草2～5叶期进行茎叶喷雾，药剂及使用方法同"反枝苋"。

## 葎草

葎草属桑科，别名勒草、蛇割藤、割人藤、葛勒子秧、拉拉藤、拉拉秧等。除新疆、青海外，全国均有分布。

**学名**：*Humulus scandens*。

**危害特点**：喜潮湿、温暖，耐干旱，具有很强的繁殖、扩散和蔓延能力，常与作物混生，或生于沟渠边、路边，作物出苗后向农田蔓延，与作物竞争水、肥和空间环境。其茎上的倒刺会刺伤接触者，对生态环境和人们生活带来很大影响。

形态特征：成株茎长可达5米以上。茎枝和叶柄上密生倒刺，有分枝。茎粗糙，具纵棱，匍匐或缠绕。叶掌状深裂，表面粗糙，两面疏生糙伏毛，叶背有黄色小油点。叶柄长5～10厘米，密生倒刺。花单性，雌雄异株。雄花小，单1朵，排列成长15～25厘米的圆锥花序。雌花排列成球状的穗状花序，单果为扁球状的瘦果，外被覆瓦状宿存苞片，瘦果成熟时露出苞片外。

葎草

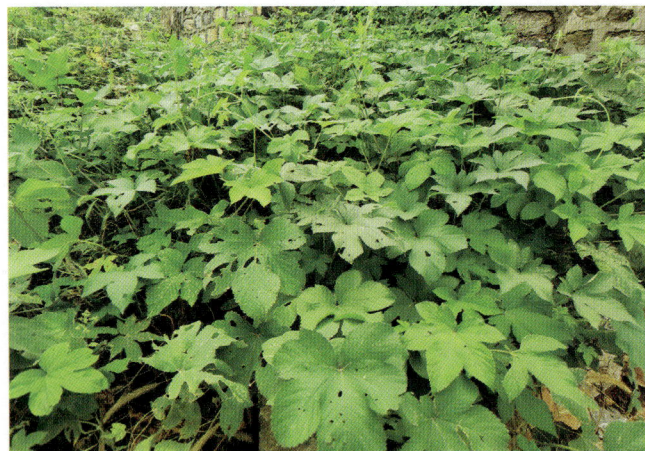

葎草为害状

**发生规律**：一年生或多年生蔓性草本。以种子在土壤中或土表越冬，一般3月中旬出苗，5月底前生长缓慢，6月高温多雨时快速生长，6—10月开花，7—11月果实成熟。繁殖力强，单株结种子数千粒至数万粒，但土壤深层的种子不能萌发，经1年后即丧失发芽力。生态适应性强，多生于沟渠边及荒地，玉米出苗后可从沟渠边向田间匍匐蔓延。

**防治方法**：①减少种子基数，人工除草。玉米前茬使用有机肥要腐熟，合理施肥与密植，及时铲除田间、地头生长的葎草。②茎叶处理（玉米3～5叶期，杂草2～5叶期为佳）。药剂种类及使用方法同"反枝苋"。

## 地肤

地肤属藜科，别名地麦、落帚、扫帚苗、扫帚菜、孔雀松等。全国各地都有分布，但主要以北方旱地为主。

**学名**：*Kochia scoparia*。

**危害特点**：多在夏季生长于玉米田间、沟渠边、路边，形成高大蓬松的植株，与周围玉米争光、争水、争肥，影响玉米正常生长。

**形态特征**：株高50～175厘米。分枝繁多，斜上，全株略呈圆柱状，被短柔毛，淡绿色或带紫红色。茎直立，有多条纵棱，上部有短柔毛或下部几无毛。叶互生，稠密，披针形，幼时具柔毛，后变光滑，长2～5厘米，宽3～9毫米，有3条明显的主脉，边缘疏生锈色绢状缘毛。茎上部叶较小，无柄，具1条脉。花两性或雌性，通常1～3朵生于上部叶腋，穗状花序，稀疏，花下有时有锈色长柔毛。胞果扁球形，果皮膜质，与种子离生。种子扁平，倒卵形，黑褐色，有小颗粒，稍有光泽。

**发生规律**：种子繁殖，4月间出苗，花期6—9月，果期7—10月。适应性强，耐旱、耐涝、耐盐碱、耐贫

地　肤

瘠，喜光、喜温暖。在土壤含盐量0.5%～0.7%，紫花苜蓿和燕麦等牧草不能生长的土壤中，地肤生长良好。

**防治方法**：①人工除草。及时拔除杂草植株。②药剂防除。玉米播后苗前，用40%异丙草·莠悬乳剂或42%异丙草·莠悬乳剂等进行土壤喷雾。玉米3～5叶期，每亩用40%烟嘧磺隆可分散油悬浮剂70～100毫升，或53%烟嘧·莠去津可湿性粉剂90～105克，或28%烟·硝·莠去津可分散油悬浮剂130～165毫升等，对水20～30千克进行茎叶喷雾。玉米8～10叶期，可用41%草甘膦异丙胺盐水剂，对行间杂草植株进行定向喷雾。

## 鸭跖草

鸭跖草属鸭跖草科，别名鸭跖菜、兰花草、蓝花菜、鸡冠菜、竹叶草、翠蝴蝶等。全国各地均有分布。

**学名**：*Commelina communis*。

**危害特点**：常混生于玉米、大豆、花生等作物田和菜园、果园或荒地等环境，喜肥沃、潮湿、松软的土壤，长江流域发生尤多。湿润土壤中生长速度快，消耗地力大。植株枝体庞大，分枝和重复分枝能力强，且节上可生根，机械及人工防除时，分枝落地亦可成活，防除难度大。

**形态特征**：单子叶植物，株高30～50厘米。茎多分枝，肉质，圆形，基部匍匐而节部生根，上部斜生。单叶互生，卵形至披针形，表面光滑无毛，无叶柄。叶鞘抱茎，具紫红色条纹或斑点。总苞片心状卵形，边缘对合折叠。花为聚伞形花序，常2朵，花瓣蓝色，花萼、花瓣各3个，发育雄蕊3个。蒴果椭圆形，分为2室，每室2粒种子。种子近肾形，灰褐色，表面凹凸不平。

**发生规律**：以种子在田间土壤中越冬，越冬深度一般2～6厘米，超过9厘米时萌发率低。种子具休眠特征。在华北，5—6月出苗，7—8月开花，8—9月成熟。适应性强，喜湿耐旱，适应光照能力较强，植株茎节下也可生根，每个断节沾土即可生长。发生时间较集中，发生高峰期明显。不同地区鸭跖草出苗始期和盛期均有差异，低纬度较高纬度地区出苗早，发生高峰期也较早。4叶期以前的植株抗逆性较差，4叶以后抗逆性增强。

**防治方法**：①阻止种子萌发。夏玉米前茬秸秆还田，在玉米植株周围地表形成较厚覆盖层，阻止种子萌发。②减少发生基数。前茬使用的有机肥要腐熟，鸭跖草开花结果前集中拔除，玉米收获后深耕压制种子库，降低来年种子萌发率。③人工、机械、药剂防除。人工及机械防除适期为鸭跖草2叶期，以土壤表土层水分含量低于13%而且5～6天内无降雨时除草效果最好。化学除草药剂和方法同"反枝苋"。④生物防治。盾负泥虫为鸭跖草的专食性昆虫，有条件的地区可用于防治鸭跖草。

鸭跖草　　　　　　　　　　　鸭跖草花

## 2.单子叶杂草

单子叶杂草子叶1枚，通常不出土。花萼、花瓣常为3枚，茎中维管束星散排列，无形成层，不能次生加粗。叶片多为平行脉或弧形脉，少有网状脉。主根不发达，多为须根。玉米田常见的单子叶1年生杂草有狗尾草、牛筋草、马唐、稗草、虎尾草等。

### 狗尾草

狗尾草属禾本科，别名毛毛狗、谷莠子、莠草。全国各地均有分布。

**学名**：*Setaria viridis*。

**危害特点**：主要危害谷子、玉米、高粱、小麦、大豆、棉花及蔬菜、果树等旱作作物。根系发达，生长优势强，吸收土壤水分和养分的能力强，耗水、耗肥常超过作物生长的消耗，其茎部或根部也是一些病虫害的越冬场所，因此严重影响作物生长和产量。

**形态特征**：成株高10～100厘米。茎直立或基部屈膝，多分枝，茎秆细弱但较硬，花序以下茎秆具柔毛。叶长条状披针形，两面无毛或被稀疏

狗尾草幼苗

狗尾草果穗

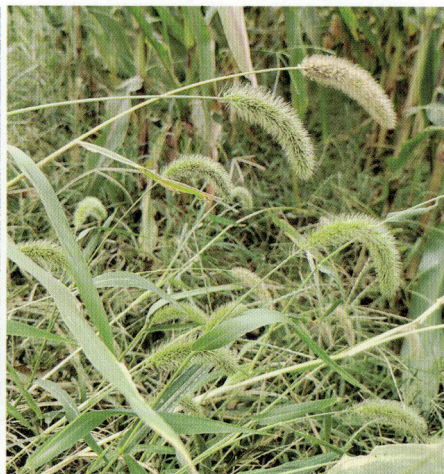

狗尾草成株及为害状

疣毛，边缘粗糙。叶鞘松弛裹茎，鞘口具柔毛。叶舌膜质，具纤毛。圆锥花序紧密呈圆柱状，长2～10厘米，刚毛长4～12毫米。穗轴多分枝，每枝生数个小穗，密集呈球状，整个果穗宛如狗尾巴状。果穗初期呈绿色，后期变为黄色或紫色。颖果长卵形，扁平，具点状突起排列成的细条纹。

**发生规律**：一年生晚春性杂草，以种子繁殖。一般4月中旬至5月种子发芽出苗。如在黑龙江5月初开始出苗，可持续到7月下旬，7～8月开花，8—9月种子成熟，成熟种子须经越冬休眠才能发芽。在上海4月中、下旬出苗，5月下旬达高峰，9月上、中旬还有一个发生高峰，1年可发生2～3代。种子可借风、流水与粪肥传播，发芽适宜温度为15～30℃，在土层中出苗深度为0～8厘米，最适出苗深度为1～3厘米。

**防治方法**：①人工防除。清除田边、路旁杂草，防止杂草侵入农田。玉米中耕对杂草有杀除作用。②播后苗前土壤封闭。可选用乙草胺、异丙甲草胺或二甲戊灵等进行土壤喷雾。③苗后药剂处理。玉米3～5叶期，可用烟嘧磺隆、硝磺草酮、烟嘧·莠去津、硝磺·莠去津等制剂进行茎叶喷雾。玉米8～10叶期，可用草甘膦异丙胺盐水剂等对行间杂草植株进行定向喷雾，防止药液飘移到玉米植株上产生药害。田间喷雾应按制剂使用说明进行操作。

## 牛筋草

牛筋草属禾本科，别名蟋蟀草、油葫芦草。全国各地均有分布。

**学名**：*Eleusine indica*。

**危害特点**：根系发达，吸收土壤水分和养分能力强，常与玉米争夺水分、养分。植株较高，影响苗期玉米等低矮作物的光合作用，干扰和限制作物生长。

**形态特征**：成株高10～90厘米。根系发达，须根细密。茎秆丛生，直立或自基部向四周斜生。叶片长条形，扁平或卷摺，长10～15厘米，宽3～5毫米，无毛或疏生疣毛。叶鞘两侧压扁且具脊，叶舌长约1毫米。穗状花序指状，2～7个生于茎顶，很少单生；小穗长4～7毫米，宽2～3毫米，有花3～6朵。颖披针形，具脊，脊上具狭翼。种子矩卵形，长约1.5毫米，有明显的波状皱纹。

**发生规律**：以掉落地面的种子繁殖，4月中、下旬出苗，5月上、中旬进入发生高峰。通常苗期为4—5月，花果期为6—10月。种子成熟后落地，可借风、流水及动物取食排泄传播，或附着在机械、动物皮毛或行人衣服、鞋子上传播。在0～1厘米深土壤中的种子发芽率高，深度超过3厘米时不发芽。

**防治方法**：①深埋种子，减少发芽。玉米收获后深耕土壤，增加种子入土深度，降低来年萌发率。②播后苗前药剂处理。玉米播种后出苗前，每亩可用40%扑·乙乳油200～250克，对水45千克，地面喷雾。③苗后药剂处理。玉米3～5叶期，每亩可用24%烟·硝·莠去津可分散油悬浮剂160～200毫升，或25%硝磺·莠去津可分散油悬浮剂150～200毫升等，对水25～30千克，均匀喷雾。

牛筋草

牛筋草成株

牛筋草花序

## 马唐

马唐属禾本科，别名羊麻、鸡爪草、抓根草等。全国各地均有发生，以秦岭、淮河一线以北地区发生面积最大，长江流域和西南、华南地区也都有大量发生。

**学名**：*Digitaria sanguinalis*。

**危害特点**：马唐是秋熟旱作物田恶性杂草，主要危害玉米、豆类、棉花、花生、瓜类、薯类、谷子、高粱、蔬菜和果树等作物。马唐的发生数量及分布范围在旱地杂草中均居首位，以作物生长的前、中期危害为主，常与毛马唐混生。马唐是灰飞虱的寄主，并能感染粟瘟病、小麦雪腐病和菌核病等，因此能加重一些作物病虫害的发生为害。

**形态特征**：成株高10～70厘米。秆丛生，秆基开始倾斜，着地后节处易生根，光滑无毛或节生柔毛。叶鞘短于节间，多生疣基柔毛；叶舌长1～3毫米；叶片线状披针形，基部圆形，边缘厚且粗糙，密被柔毛。秆顶着生细瘦的总状花序3～9个，呈指状排列。穗轴两侧具宽翼，边缘粗糙，着生小穗1对。小穗椭圆状披针形，1具短柄，1具长柄。颖果淡黄色或灰白色，脐明显。

马唐幼苗

马唐花序

马唐为害状

**发生规律**：以种子繁殖，一般5—6月出苗，7—9月抽穗、开花，8—10月结实，种子边成熟边脱落，传播快。成熟种子有休眠习性，低于20℃时种子发芽慢，25～40℃发芽最快，萌发最适相对湿度为63%～92%，最适深度1～5厘米。喜湿喜光，潮湿多肥的地块生长茂盛。繁殖力强，植株生长快，分枝多。多生于农田、路旁或山坡草地，放牧或刈割后的再生能力强。

**防治方法**：①播前土壤处理。种植前使用草铵膦对荒地进行喷施，防止马唐向农田传播。②播后苗前药剂封闭。玉米播后出苗前，可用乙草胺、莠去津等地面喷雾封闭除草。③苗后药剂处理。玉米3～5叶期或杂草3～6叶期，每亩用40克/升烟嘧磺隆可分散油悬浮剂70～100毫升，或85%烟嘧·莠去津可湿性粉剂30～45克，对水30～40千克，茎叶喷雾。玉米6叶后可用25%硝磺·莠去津可分散油悬浮剂对杂草茎叶进行定向喷雾。

## (二) 多年生杂草

多年生杂草是指寿命超过两年及以上的杂草，一生中能多次开花结实，开花结实后地上部死亡，依靠地下器官越冬，翌年春季从地下营养器官又长出新株。此类杂草除能以种子繁殖外，还能利用地下营养器官进行繁殖，而后者是主要的繁殖方式。根据地下营养器官的特点，多年生杂草可分为根茎杂草、根芽杂草、直根杂草、块茎杂草、球茎杂草、鳞茎杂草等。玉米田常见的多年生杂草有田旋花、打碗花、刺儿菜、苣荬菜、香附子等。

## 田旋花

田旋花属旋花科，别名野旋花、小喇叭花。全国各地均有分布。

**学名**：*Convolvulus arvensis*。

**危害特点**：喜潮湿肥沃的土壤，枝多叶茂，相互缠绕，对玉米、大豆、小麦等危害较重。大发生时成片生长，密被地面，遇作物时缠绕作物茎秆向上生长，强烈抑制作物生长，严重时造成作物倒伏。幼苗还是小地老虎第一代幼虫的寄主，因此能加重小地老虎的辗转为害。

**形态特征**：地下具白色粗壮横走根。茎蔓生，缠绕或匍匐生长，具条纹或细棱，下部多分枝。叶互生，卵状长椭圆形或宽戟形，先端渐尖或锐尖，基部戟形或心形。叶柄短于叶片或与叶片近等长。花单生于叶腋，苞片线形，与萼远离。花梗稍长于叶柄，花冠漏斗状，红色、淡红色、紫红色或白色。蒴果卵球形，为宿存的苞片和萼片所包被，无毛。种子卵圆形，黑褐色，密被小疣状突起。

**发生规律**：根平伸或斜行在50～60厘米深的土壤中越冬，于夏、秋间在近地面的根上产生新芽。在不同播期的玉米田发生特点有明显的差异。春玉米播种时气温较低，一般日均气温10～12℃，玉米前期生长缓慢，田间空隙大，有利于田旋花的发生，因此田旋花发生期长，自玉米播种后和玉米几乎同步生长，随着气温上升，发生进入高峰。夏玉米播期一般在6月上、中旬，温度较高，干旱时田旋花出苗不齐，墒情较好时出苗好、生长快，易形成草荒。

田旋花

田旋花花

田旋花成株和花

**防治方法**：①玉米播后出苗前药剂处理。若田旋花已经出苗，可结合防治其他杂草共治，用甲草胺·乙草胺·莠去津悬乳剂或异丙草胺·莠去津悬乳剂等，对水全田喷雾。②玉米苗后药剂处理。玉米4～6叶期，可用20%氯氟吡氧乙酸乳油60～80毫升，或22%氯吡·硝·烟嘧可分散油悬浮剂80～100毫升，或25%辛酰溴苯腈乳油100～150毫升，或42%烟嘧·莠·异丙可分散油悬浮剂150～200毫升，对水30千克，全田均匀喷雾。玉米拔节后，植株高大，田旋花处于开花结实初期，每亩可用41%草甘膦水剂200～300毫升，或200克/升氯氟吡氧乙酸异辛酯乳油50～70毫升，对水30千克，行间定向喷雾，可有效减轻危害。

## 打碗花

打碗花属旋花科，别名燕覆子、兔耳草、富苗秧、兔儿苗、小旋花等。全国各地均有分布。

**学名**：*Calystegia hederacea*。

**危害特点**：地下茎蔓延迅速，常成单优势群落，对农田危害较严重。茎蔓生，向上缠绕玉米植株，使玉米叶片不能正常伸展，影响玉米生长和光合作用，发生严重时，茎蔓在玉米植株间相互缠绕，遇大风易导致玉米连片倒伏。地下茎深达 30 ～ 50 厘米，难以彻底杀灭，防治后易形成新株继续危害。

　　**形态特征**：具细长白色的根。茎常自基部分枝，缠绕或匍匐生长，有细棱，无毛。叶互生，有长柄。基生叶椭圆形，全缘，基部心形；茎上部叶片3裂，中裂片长圆形或长圆状披针形，侧裂片戟形，两面无毛。花单生于叶腋，花梗长于叶柄，具棱。苞片2个，宽卵形，紧贴于萼筒外。萼片5个，长圆形。花冠漏斗状，淡紫色或淡红色，冠檐近截形或微裂。雄蕊5个，近等长，基部膨大，贴生于花冠管基部，被小鳞毛。蒴果卵圆形，光滑，与宿存萼片近等长。种子卵形，黑褐色，表面有小疣。

打碗花花

打碗花为害状

　　**发生规律**：以地下茎茎芽和种子繁殖，田间以无性繁殖为主。萌生苗与种子发芽适温为15 ～ 20℃。萌生苗出土时间稍早，在华北地区4—5月出苗，7—9月开花，8—10月结实，种子可由鸟类和哺乳动物取食排泄进行远距离传播或农事操作携带传播，玉米整个生育期均可受害。在肥水条件好的地块危害严重，干旱瘠薄地危害轻或不发生。种子粒大皮厚，土层中多层分布，出苗期长。种子成熟期长，条件适合即可发芽。

　　**防治方法**：①农业防除。筛选玉米种子，去掉种子里的草籽。及时拔除打碗花幼苗，清除田边杂草。玉米收获后深翻整地，人工捡拾杂草宿根。玉米与大白菜、甘薯、马铃薯等轮作，减少玉米伴生杂草的发生。②化学除草。在玉米播后出苗前、4 ～ 6叶期、拔节后等各个时期，根据玉米苗情和杂草发生情况，选用合适的除草剂防除。各时期用药种类及使用方法同"田旋花"。

## 刺儿菜

刺儿菜属菊科,别名小蓟、荠荠菜、刺耳芽、刺狗牙、刺蓟、枪刀菜等。全国各地均可见到,华北主要在小麦、春花生、大豆、蒜、棉花、玉米等作物田常见。

**学名**:*Cirsium arvense*。

**危害特点**:属作物田十大恶性杂草之列。匍匐根状茎很发达,与玉米幼苗争水争肥,再生能力强,蔓延较快,耐药性强,不易根除。

**形态特征**:株高25~50厘米,具长匍匐根茎,地下部分长于地上部分。茎基部生长多数须根。茎直立,有棱,微紫色,上部有分枝,幼茎被白色蛛丝状毛。叶互生,较厚,多角质,长椭圆形或披针形,全缘或有波状疏锯齿,边缘有细密的针刺,无叶柄。头状花序单生于茎端,或有数个头状花序在茎枝顶端排成伞房状。花单性,雌雄异株,管状花,紫红色或白色。瘦果冠羽毛状,种子椭圆形或长卵形,表面有波状横皱纹。

**发生规律**:多年生草本植物,以根芽繁殖为主,种子也可繁殖。常于2—3月萌发,萌发期可持续至5—9月。6—7月开花,7—8月结实。生命力强,根一般可深入50厘米左右的土壤中,春夏季作物田普遍发生,以腐殖质多的微酸性至中性土壤发生较多。

刺儿菜幼苗

取食刺儿菜叶的蓟跳甲

刺儿菜花序和花

**防治方法**：①玉米3～5叶期药剂防除。每亩可用24%烟嘧·莠去津可分散油悬浮剂80～100毫升，或40%硝磺·莠去津悬浮剂90～120毫升，或30%二氯吡啶酸水剂30～40毫升，或40%烟·莠·二氯吡可分散油悬浮剂80～100毫升，对水35～45千克，田间均匀喷雾。②玉米8～10叶期药剂防除。此期及以后杂草较多的地块，行间定向喷施草甘膦，用法、用量按照药剂使用说明书，注意喷头须加防护罩，防止药液喷到玉米茎叶上产生药害。风大时不能喷药。

## 苦苣菜

苦苣菜属菊科，别名滇苦菜、苦荬菜、拒马菜、野芥子。东北、华北、西北、华东、华中及西南地区均有分布。

**学名**：*Sonchus oleraceus*。

**危害特点**：棉花、油菜、甜菜、豆类、小麦、玉米、谷子、蔬菜等旱作物田发生量大，与作物争水、争肥，消耗地力严重，影响作物生长发育。果园中也有发生，是棉蚜的越冬寄主。

**形态特征**：株高30～80厘米，具乳汁。根垂直直伸，少有根状茎，须根多数。茎直立，中空，具棱，下部无毛，中上部被稀疏短柔毛。叶光滑无毛。基生叶长圆状披针形，基部渐窄成长或短的翼柄。中部以上茎生叶无柄，叶基部圆耳状扩大半抱茎。茎生叶长椭圆形至倒披针形，先端渐尖，深羽裂，对称，裂片卵形或狭三角形，全部叶裂片边缘有小锯齿或小尖头。上部或顶部有伞房状花序分枝，花序分枝和花序梗被稠密的头状具柄的腺毛。

**发生规律**：以种子和根茎进行繁殖。一般 4—5 月出苗，终年不断，花期 6—10 月，种子 7 月后渐次成熟。种子成熟后借风力传播扩散。

**防治方法**：玉米 3 ～ 5 叶期，每亩可用 40 克/升烟嘧磺隆可分散油悬浮剂 80 ～ 120 毫升，或 30％二氯吡啶酸水剂 30 ～ 40 毫升，或烟嘧磺隆与莠去津复合制剂等，对水 30 ～ 40 千克喷雾防治。灭生性的除草剂，如草甘

苦苣菜幼苗

苦苣菜成株　　　　　　苦苣菜蕾、花

膦，可用于后期杂草没有防治好的田块进行定向喷雾，但要严格按照说明书要求，且加喷头防护罩，严禁重喷。

## 香附子

香附子属莎草科，别名莎草、旱三棱、雷公头等，广泛分布在我国南北各地。

**学名**：*Cyperus rotundus*。

**危害特点**：位居世界十大恶性杂草之首，主要为害玉米、棉花、大豆、花生及蔬菜、果树等作物，也可生长在山坡荒地的草丛中或水边潮湿处。适应范围广，地下球茎繁殖能力强，常成单一的小群落或与其他植物混生与之争光、争水、争肥，致使其他植物生长不良。在生长季节，2～3天即可出苗，条件适宜时，种子和根茎都能发芽且生成新的植株或块茎扩大为害，如果防治没有除根，地上部分死亡，地下部分会继续生长，7天左右便可达到原植株的高度。香附子还是白背飞虱、玉米耕葵粉蚧等害虫的寄主，如果防除不彻底，易成为这些害虫的中间寄主。

**形态特征**：整株由地下块茎、根茎、鳞茎和地上茎叶组成。根茎匍匐，具椭圆形块茎。茎直立，锐三棱形，绿色，光滑无毛，高15～50厘米，基部呈块茎状。叶丛生于茎基部，叶鞘闭合，抱于茎上，棕色，老时常裂成纤维状。叶片长线形，比茎短，全缘，主脉在叶背隆起，质硬。复穗状花序顶生，有3～10个辐射枝，排列成伞状。花深茶褐色，下有2～3个叶状苞片；鳞片2列，排列紧密，暗血红色，卵形或长圆状卵形；每鳞片内有1花，雄蕊3个，柱头3裂呈丝状，伸出鳞片外。小坚果长圆状倒卵形，具3棱，表面有细点。

**发生规律**：多年生草本植物，块茎、根茎、鳞茎和种子都能繁殖，以地下球形块茎繁殖为主。地下球茎产生根茎，根茎长出新的球茎，新球茎萌生幼草，一株接着一株，连绵不断地生长。一般在4月中旬开始发生，5月上旬出现第一高峰，为害春季作物。6月上旬出现第二高峰并一直持续到7月底，发生面积大，严重影响玉米生长，一般可造成玉米减产1～2成，重者5成以上。一般5—6月开花，6—9月结实。喜湿凉环境。

**防治方法**：①捡拾块茎，减少种子。香附子发生集中而又以块茎繁殖为主的地块，可结合耕地或中耕松土，人工捡拾香附子块茎，带出田间

香附子幼苗

香附子成株

香附子花序

香附子叶背隆起的主脉

香附子根部被耕葵粉蚧寄生状

晒干焚烧，减少其繁殖和危害。7—8月香附子成株开花结籽期（种子未成熟前），整株拔除或割去地上部分的茎和花序，控制种子繁殖。②药剂防除。玉米3～5叶期，杂草低龄期，每亩可用56%2甲4氯钠可溶粉剂107～143克，或4%烟嘧磺隆可分散油悬浮剂70～100毫升，或75%氯吡嘧磺隆水分散粒剂 3～5 克，对水 20～30 千克均匀喷雾。玉米 5～8 叶期，可以使用 2 甲·唑草酮定向喷雾防治。

## 萝藦

萝藦属萝藦科，别名芄兰、斫合子、白环藤、羊婆奶、婆婆针落线包、羊角、天浆壳等，分布于我国东北、华北、华东和甘肃、陕西、贵州、河南、湖北等地。

**学名**：*Metaplexis japonica*。

**危害特点**：旱地作物或园林缠绕草本。生长于田边、林边、荒地、山脚、河边、路旁灌木丛中，农田周围防治不彻底时会蔓延至田间缠绕作物茎秆，与作物争水争肥，影响作物生长。

**形态特征**：缠绕藤条长可达 8 米，全株具白色乳汁。茎节上生气根，茎圆柱状，幼时密被短柔毛，老时被毛脱落。叶对生，肉质，全缘，长卵圆形，长 3.5～12 厘米，宽 3～4.5 厘米，顶端渐尖，基部心形，侧脉较明显，叶面绿色，叶背粉绿色，两面无毛，具叶柄。总状聚伞花序腋生，着花通常 13~15 朵，花白色，有淡紫红色斑纹，花冠钟状，筒短，裂片外面无毛，内面多乳头状突起。蓇葖果纺锤形，表面光滑无毛，有时有小疙瘩，成熟前绿色，肉质。种子扁平，顶端具白色绢质种毛。

**发生规律**：根芽和种子繁殖。种子成熟后随风传播。7—8 月开花，9—12 月结果。

**防治方法**：①玉米播后出苗前药剂防除。玉米播种后，喷施乙草胺、

萝藦幼苗　　　　　　　萝藦花序　　　　　　　萝藦果实

萝藦茎流出的白色乳汁　　　　　　　萝藦藤蔓缠绕玉米茎秆

异丙甲草胺或丁草胺等除草剂。②玉米3 ~ 5叶期药剂防除。每亩可用40克/升烟嘧磺隆油悬浮剂80 ~ 120毫升加25%氯氟吡氧乙酸乳油50 ~ 60毫升对水喷雾。玉米8叶期以后，杂草较多地块，可用草甘膦等行间定向喷雾，但要严格按照说明书要求，且加喷头护罩，严禁重喷。

## 乌蔹莓

乌蔹莓是葡萄科乌蔹莓属植物，草质藤本，别名乌蔹草、五叶藤、五爪龙、母猪藤、五叶梅等。分布于陕西、河南、山东、安徽、江苏、浙江、湖北、湖南、福建、台湾、广东、广西、海南、四川、贵州和云南等地。

**学名**：*Cayratia japonica*。

**危害特点**：较喜阴，多雨年份危害严重。通常多株相互缠绕，覆盖地面，遇到作物则攀援生长。乌蔹莓难以根除，在幼苗出土后，拔除地上部分地下茎会重新发芽，形成新的单株并快速生长。

**形态特征**：草质藤本。地下茎横生，随处萌发新苗。地上茎圆柱形，有纵棱，多分枝，绿紫色。卷须2 ~ 3叉分枝，与叶对生。掌状复叶互生，由3小叶或5小叶组成，呈鸟趾状排列。小叶卵形至长椭圆形，叶缘有锐锯齿，中央的1片小叶最大。聚伞花序着生于叶的对侧茎上，具长梗。花小，具短柄，花瓣4个。雄蕊4个，雌蕊1个。花盘红色。浆果球形或近球形，成熟时紫黑色，内有种子2 ~ 4颗。

乌蔹莓

乌蔹莓藤蔓

乌蔹莓为害状

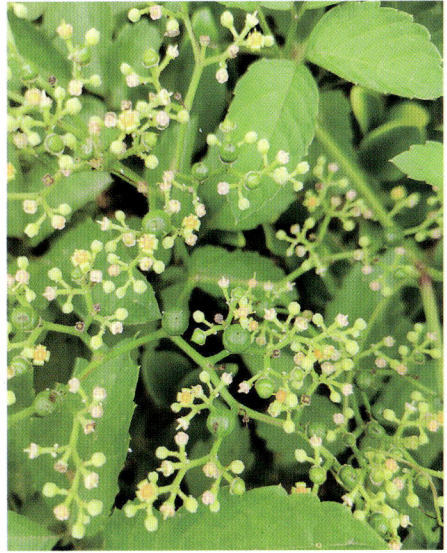
乌蔹莓花和果实

**发生规律**：以地下根茎和种子繁殖。3月底至4月从地下根茎上发新芽，为出苗高峰期，4—5月大量发生，5—6月开花，8—10月结果。生长期间地下根茎能不断长出新芽。深秋气温下降后种子成熟散落到地上，翌年形成新的植株。

**防治方法**：同"苦苣菜"。

# （三）玉米田杂草化学防治常用药剂及使用注意事项

## 1.玉米不同生育期常用除草剂

玉米3～5叶期：此时多为禾本科杂草2～5叶期、阔叶杂草3～5厘米高时，是玉米田杂草防除的重要时期，若不及时防除，将直接影响玉米的生长及产量。常用药剂有：40克/升烟嘧磺隆悬浮剂、40克/升烟嘧磺隆可分散油悬浮剂、53%烟嘧·莠去津可湿性粉剂、24%烟·硝·莠去津可分散油悬浮剂等。香附子较多的地块，常用药剂有56%2甲4氯钠可溶粉剂、40%烟嘧·莠去津可分散油悬浮剂加56%2甲4氯钠可溶粉剂、40克/升烟嘧磺隆可分散油悬浮剂加56%2甲4氯钠可溶粉剂、480克/升灭草松水剂、40克/升烟嘧磺隆悬浮剂等。

玉米5～6叶期：杂草较多地块，可用40%烟嘧·莠去津可分散油悬浮剂、40克/升烟嘧磺隆可分散油悬浮剂、40%硝磺草酮·莠去津悬浮剂等。

玉米5～7叶期：香附子、田旋花、刺儿菜、藜等杂草较多的地块，可施用56%2甲4氯钠可溶粉剂、480克/升灭草松水剂、40%烟嘧·莠去津可分散油悬浮剂加56%2甲4氯钠等。

玉米8～10叶（或株高80厘米）以后：杂草较多地块，行间定向喷施30%草甘膦水剂、41%草甘膦水剂等。

## 2.防治阔叶杂草常用除草剂

莠去津：土壤中残留时间长，常用于复配其他除草剂使用。

氯氟吡氧乙酸：对玉米安全，在玉米任何生育时期都可以使用，防治一般性阔叶杂草效果好，对田旋花特效。

2甲4氯钠：属于激素型除草剂，主要用于防治香附子和其他莎草科杂草。避免在高温情况下使用，否则易产生药害。

氯吡嘧磺隆：主要用于防治香附子和其他莎草科杂草，对玉米安全，杀草比较彻底，但见效比较慢，如在25℃以上条件下使用，一般15天见效。

二氯吡啶酸：生产上主要用于防治刺儿菜。

辛酰溴苯腈：为选择性苗后茎叶处理触杀型除草剂，通过抑制光合作用使植物组织迅速坏死，气温较高时加速叶片枯死。在作物和土壤中无残留，不影响下茬作物。适合防治刺儿菜、苘麻、铁苋、鸭跖草、田旋花、苍耳等，并且对对莠去津产生抗性的杂草如藜、反枝苋、龙葵和蓼等有较好的防效，在东北、西北玉米区具有较大优势，在河南应用比较少。

### 3.防治禾本科杂草常用除草剂

硝磺草酮：以触杀为主，内吸性差。对玉米田1年生阔叶杂草和部分禾本科杂草如苘麻、苋菜、藜、蓼、稗草、马唐等有较好的防治效果，而对铁苋菜和狗尾草防治效果较差。但如喷洒不均匀、草龄大，杂草容易返青。

烟嘧磺隆：是内吸传导性除草剂。喷施后，杂草一般10～15天死亡。对1年生禾本科和阔叶杂草如稗草、狗尾草、反枝苋、蓼草、马齿苋、鸭跖草、苍耳和苘麻都有很好的防除效果，对香附子也有一定的防除效果，对马唐防除效果差。

### 4.土壤封闭除草剂

该类除草剂多数都是喷施到土壤表层，从而形成一个药土层。当杂草萌发后，可被根、芽鞘或上下胚轴等吸收从而发挥除草作用。

这类除草剂常见的有乙草胺、莠去津、异丙甲草胺、精异丙甲草胺。目前市场上常用乙草胺加莠去津、异丙甲草胺加莠去津复配。

使用封闭除草剂时，一定要注意土壤墒情，土壤干旱则除草效果差。

### 5.茎叶处理剂

该类除草剂在杂草出苗后使用，此时草龄尚小，一般在杂草分枝或分蘖前，将药液喷施到杂草茎叶表面或地表，通过触杀以及杂草茎叶和根的吸收传导，到达杂草的生长点及其余没有着药部位，致使杂草死亡。茎叶处理剂根据作用特性又分为三大类：

（1）选择性茎叶处理剂

这类除草剂既能杀死杂草又对作物伤害小，且只能杀死农田中的某类或某种杂草，因而对作物影响较小。市场上大部分除草剂都属于这一类，如硝磺草酮、烟嘧磺隆（或烟嘧磺隆加安全剂）、苯唑草酮、莠去津、辛酰溴苯腈、氯氟吡氧乙酸、2甲4氯钠、二氯吡啶酸、氯吡嘧磺隆等。复配剂应用比较多，如硝磺草酮加烟嘧磺隆加莠去津，苯唑草酮加烟嘧磺隆加莠去津。

（2）封杀型茎叶处理剂

这类除草剂把茎叶处理剂和一定量的封闭除草剂复配，因此既能除草又有封闭作用。如烟嘧磺隆加乙草胺加莠去津，烟嘧磺隆加异丙甲草胺加莠去津，硝磺草酮加烟嘧磺隆加乙草胺加莠去津，苯唑草酮加烟嘧磺隆加乙草胺加莠去津。这类除草剂最好在玉米3～5叶期使用。玉米5叶期以后使用时应定向喷雾。

（3）灭生性茎叶处理剂

这类除草剂主要有3种。草甘膦是内吸传导型灭生性除草剂，除草效果慢，但根除效果好；草铵膦是以触杀为主且有一定传导性的灭生性除草剂，对草甘膦抗性杂草除草效果优异；敌草快是触杀型灭生性除草剂，遇土钝化，几乎没有药害和残留，但对部分大龄阔叶杂草效果差。玉米田常用草甘膦，非耕地除草常用草铵膦和敌草快。

# 参 考 文 献

常佳迎，刘莉，刘树森，等，2019. 黄淮海地区夏玉米灰斑病病原菌鉴定及主栽品种抗性分析. 植物病理学报，49(6): 808-817.

陈斌，韩海亮，侯俊峰，2021. 玉米细菌性茎腐病研究进展. 中国植保导刊，41(8): 25-28.

陈国元，朱旭东，陈素娟，2012. 野生马齿苋生物学特性调查. 中国野生植物资源，31(5): 61-63.

陈顺立，李友恭，黄昌尧，1989. 双线盗毒蛾的初步研究. 福建林学院学报(1): 1-9.

董金皋，2015. 农业植物病理学. 3版. 北京：中国农业出版社.

董少奇，田彩虹，郭线茹，等，2021. 双委夜蛾成虫主要活动节律和卵孵化节律. 应用昆虫学报，58 (2): 398-407.

高学彪，程瑚瑞，方中达，1992. 玉米根腐线虫病的病原鉴定和致病性研究. 南京农业大学学报，15(4): 50-55.

郭井菲，静大鹏，太红坤，等，2019. 草地贪夜蛾形态特征及与3种玉米田为害特征和形态相近鳞翅目昆虫的比较. 植物保护，45(2):7-12.

郭宁，石洁，振营，等，2015. 玉米线虫矮化病病原鉴定. 植物保护学报，42(6): 884-891.

郭松景，李世民，马林平，等，2003. 劳氏粘虫的生物学特性及危害规律研究. 河南农业科学(9): 37-39.

郭振华，2017. 豫东南夏玉米高温热害及预防技术措施. 粮食作物(2): 167-168.

黄春艳，付迎春，王宇，等，2002. 鸭跖草生物学特性初步研究. 杂草科学(1): 19-21.

蒋金炜，乔红波，安世恒，2014. 农田常见昆虫图鉴. 郑州：河南科学技术出版社.

雷玉明，郑天翔，王玉萍，等，2018. 几种杀菌剂对玉米瘤黑粉病和丝黑穗病药效试验. 农药，57(6): 457-467.

李建军，李英强，丁世民，2012. 中国北方常见杂草及外来杂草鉴定识别图谱. 青岛：中国海洋大学出版社.

李姝，王杰，郭晓军，等，2019. 天敌昆虫大草蛉的研究进展与展望. 环境昆虫学报，41(2): 241-252.

李星，杨赛赛，白素芬，等，2017. 棉铃虫齿唇姬蜂研究现状与展望. 河南科学，35(6): 903-908.

刘春来, 2017. 中国玉米茎腐病研究进展. 中国农学通报, 33(30): 130-134.

刘家魁, 吴宝瑞, 宋梅风, 等, 2007. 玉米耕葵粉蚧的发生特点与综合防治. 现代农业科技 (23): 96.

鲁传涛, 2014. 农田杂草识别与防治原色图鉴. 北京: 中国农业科学技术出版社.

马继盛, 罗梅浩, 郭线茹, 等, 2007. 中国烟草昆虫. 北京: 科学出版社.

马丽, 高丽娜, 黄建荣, 等, 2016. 黏虫和劳氏黏虫形态特征比较. 植物保护, 42(4):142-146.

单彬, 张艳明, 黄秀枝, 等, 2017. 龟纹瓢虫成虫对玉米蚜捕食作用研究. 农业研究与应用 (3): 49-53.

王红杰, 2021. 玉米除草剂药害产生原因与补救措施. 河南农业(7): 22.

王晓鸣, 王振营, 石洁, 等, 2018. 中国玉米病虫草害图鉴. 北京: 中国农业出版社.

王振营, 王晓鸣, 2019. 我国玉米病虫害发生现状、趋势与防控对策. 植物保护, 45(1): 1-11.

王忠亮, 2020. 斑衣蜡蝉的发生规律及防治. 现代园艺(15): 111-112.

王作军, 龚道贵, 陈雪梅, 等, 2016. 赤斑黑沫蝉的发生与防治. 南方农业, 10(15): 37-38.

魏莹, 李倩, 李阳, 等, 2020. 外来入侵植物反枝苋的研究进展. 生态学杂志, 39(1): 282-291.

徐延红, 刘天学, 方文松, 等, 2021. 河南省夏玉米花期高温热害风险分析. 中国农业气象, 42(10): 879-888.

杨红梅, 冯莉, 田兴山, 等, 2011. 不同种植年限菜场叶菜田恶性杂草马齿苋土壤种子库的研究. 中国农学通报, 27(8): 83-86.

张超, 战斌慧, 周雪平, 2017. 我国玉米病毒病分布及危害. 植物保护, 43(1): 1-8.

赵曼, 王高平, 李为争, 等, 2021. 香附子为耕葵粉蚧的新寄主. 植物保护, 47(1): 79-83.

郑雷, 王磊, 2019. 夏玉米顶腐病偏重发生原因及对策分析. 种业导刊(6): 25-27.

中国农业科学院植物保护研究所, 中国植物保护学会, 2015. 中国农作物病虫害: 上册. 3版. 北京: 中国农业出版社.

《中国植物志》编辑委员会, 1979. 中国植物志: 第二十五卷第二分册. 北京: 科学出版社.

《中国植物志》编辑委员会, 1979. 中国植物志: 第七十五卷. 北京: 科学出版社.

Li Y, Lu Q S, Wang S, et al., 2019. Discovery of a root-lesion nematode, *Pratylenchus scribneri*, infecting corn in Inner Mongolia, China. Plant Disease, 103(7): 1792.

Xu Z H, Zhou G N, 2017. Identification and Control of Common Weeds: Volume 1. Hangzhou: Zhejiang University Press.

Xu Z H, Deng M H, 2019. Identification and Control of Common Weeds: Volume 2. Hangzhou: Zhejiang University Press.